"사람들은 묻는다, 여행은 왜 하는 것이냐고…"

– 장 그르니에, 김화영 옮김, 「섬」

자전거와 반야심경과 장자

자전거와 반야심경과 장자

8,400km 자전거 여행 ; 서울 – 바이칼호 – 몽골 – 유럽 여행기

초판 1쇄 인쇄일 2018년 7월 12일
초판 1쇄 발행일 2018년 7월 18일

지은이 유시범
펴낸이 양옥매
디자인 임흥순
교 정 조준경 허우주

펴낸곳 도서출판 책과나무
출판등록 제2012-000376
주소 서울특별시 마포구 방울내로 79 이노빌딩 302호
대표전화 02.372.1537 **팩스** 02.372.1538
이메일 booknamu2007@naver.com
홈페이지 www.booknamu.com
ISBN 979-11-5776-585-0(03980)

이 도서의 국립중앙도서관 출판시도서목록(CIP)은 서지정보유통지원 시스템
홈페이지(http://seoji.nl.go.kr)와 국가자료공동목록시스템
(http://www.nl.go.kr/kolisnet)에서 이용하실 수 있습니다.
(CIP제어번호 : CIP2018021261)

자전거와
반야심경과
장자

유시범 지음

Moulton Bicycle.

2017년 2월 15일, 퇴직이 확정되었다. 드러내 놓고 좋아하지는 않았지만 발목을 조이고 있던 족쇄가 끊어져 나가는 기분이었다. 자발적인 선택이었고, 가족들에게도 말하지 않았다. 가족을 무시해서가 아니다. 꼭 해야만 하는 일이라면 동의를 구하는 것보다 차라리 용서를 구하는 것이 낫다고 생각한다. 아들 둘은 졸업 후 직장을 잡았고 몇 년 더 버둥거린다고 달라질 건 없었다. 57세, "내 인생의 '소유'단계는 이제 끝났다.(앤 머스토, 『자전거 세계여행』)"

혹 누군가는 '좀 이기적이지 않은가?' 하고 물을지도 모르겠다. 하지만

> "내가 맞다고 생각하는 대로 내 삶을 사는 것, 그건 이기적인 것이 아니다. 내가 맞다고 생각하는 대로 남에게 살도록 요구하는 것, 그것이 이기적인 것이다."
> – 앤소니 드 멜로, 『깨어나십시오』

"검은 무슬림 단원인가?"라고 묻는 기자들의 질문에 무하마드 알리는 "저는 여러분이 원하는 사람일 필요가 없습니다."라고 말했다.

바로 여행 준비에 들어갔다. 즉흥적인 것은 아니었다. 최소 지난 10년간 생각해 온 일이었다. 사실 뭐 특별히 준비할 것도 없었다. "우리의 마음만 준비되어 있다면 모든 것이 준비된 것이다. (셰익스피어, 『헨리 5세』 중 전투를 앞둔 헨리 5세가 솔즈베리 경에게)"

사람 사는 곳을 지나므로 생필품을 바리바리 챙길 필요는 없을 테지만 여분의 튜브, 타이어, 정비도구 등 자전거 관련 물품은 꼼꼼히 챙겼다. 자전거 여행에서 자전거는 여행의 거의 모든 것이다. 수채화 물감과 팔레트, 붓 한 자루, 스케치북도 챙겼다. 여권을 발급받고 몽골과 중국 비자를 받았다. 디데이는 대통령 선거 이틀 후인 5월 11일로 잡았다.

서울에서 동해로, 동해에서 블라디보스톡, 우수리스크를 지나 중국 훈춘으로, 바이칼호수를 거쳐 몽골로, 포르투갈 호카곶까지. 세세한 일정을 잡는 것은 의미가 없다. 시점과 종점만 있을 뿐, 모든 것은 유동적이다.

"이 세상에 완벽하게 준비된 인간이란 존재하지 않아.

또 완벽한 환경도 존재하지 않고

존재하는 건 가능성뿐이야.

자전거와
반야심경과
장자

시도하지 않고는 알 수가 없어.

그러니 두려움 따윈 던져 버리고 부딪혀 보렴.

너희들은 잘할 수 있어.

스스로를 믿어 봐."

– 호아킴 데 포사다, 「바보 빅터」

"다닐로!

접근 방법이 틀려서 그래.

결과를 생각해선 안 돼…

그냥 하는 거야."

– 헨리크 레르 글 · 그림/오숙은 역, 「가브릴로 프린치프」

  '여행travel은 보이는 것을 보는 것이고, 관광tour은 보고 싶은 것을 보는 것'이다. 나는 여행을 하려고 한다. "6개월간 여행을 하면 몸과 마음이 계속 힘들겠지요, 그것이야말로 저에게 필요한 것입니다.(안톤 체홉, 『사할린섬』)" 그렇다, 이 여행은 일종의 수양이다. 지금까지 살아오면서 비대해진 육체와 정신의 군살을 빼는 것이다. 육체의 나약함이 고통을 부르겠지만 정신이 육체를 다스릴 것이다.

CONTENTS

—

"망설임은 도둑질과 다름없고"
– 닐 영(포크록 뮤지션)

"주사위는 던져졌다."
– 아우구스투스

PART 01

한국

서울 → 동해항

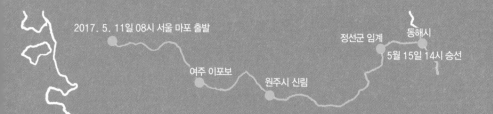

2017. 5. 11일 08시 서울 마포 출발

여주 이포보

원주시 신림

정선군 임계

동해시

5월 15일 14시 승선

Moulton Bicycle.

2017. 4. 12 날씨 맑음 바람 많음.

5월 11일 | 서울 → 여주 이보포, 95㎞

아침 일찍 일어나 어젯밤에 대충 꺼내 놓은 물건들을 차곡차곡 패니어백에 챙겨 넣었다. 패니어백을 자전거 앞 타이어 양옆에 거니 자전거가 들기도 힘들 만큼 무겁다. 책장으로 가서 눈에 띄는 책 『반야심경과 금강경 강의』를 집었다. 금강경 부분은 찢어 냈다. 반야심경이면 충분하다. 짐은 그냥 짐일 뿐이다. 무게와 부피를 갖는 것은 모두 짐이다. 짐과의 싸움이 될 것이다.

자전거를 들고 계단을 내려오는데 무게가 앞으로 쏠려 기우뚱하고 넘어질 뻔했다. '후~' 하고 한숨이 나왔다. 출발이다. 앞으로 일어날 모든 상황을 객관적인 시각에서 바라보고 침착하고 또 침착해야 한다는 다짐을 하며 페달을 밟았다.

올림픽대교를 지나는데 "짐이 많네요, 멀리 가시나 보죠?" 하고 말을 걸어오는 이가 있었다. "아~ 네~ 포르투갈까지 갑니다." "네? 포르투갈요? 포르투갈을 이쪽으로 가나요?" "아~ 동해항에서 배를 타고 블라디보스톡으로 가고 이후 중국, 러시아를 거쳐 유럽으로 갈 생각입니다." 이렇게 대답은 했지만, 말해 놓고 나니 괜히 내가 허풍을 떤 건 아닐까 하는 생각에, 피식 웃음이 나왔다. 허풍을 떤 걸까? 아니다. "망설임은 도둑질과 다름없고(닐 영, 포크록 뮤지션)", "주사위는 던져졌다.(아우구스투스 Augustus)" 자! 가자. 팔당, 양평을 지나 여주 이포보 근처 강변에서 야영을 했다.

5월 12일 | 원주 신림, 70㎞

아무리 생각해도 짐이 너무 많다. 우체국에 들러서 여분의 스케치북과 페달, 스트립, 방수포 등을 집으로 부쳤다. 어둑해질 무렵, 강원도 원주 신림에 도착했다. 고개도 많고 길을 찾는 데 힘들었다. 벌써 지친다. 신림장 여관에 짐을 풀었다.

5월 13일 | 임계, 100㎞

아침 7시에 신림장을 나와 황둔고개, 주천고개, 군등치(君登峙, 단종이 이 고개를 넘으며 이 고개는 무슨 고개인데 이다지도 험한가 하니 수행하던 자가 노산군께서 오르시니 군등치라 하오옵지요 하였다는)를 넘었다. 기진맥진 정선에 도착해 중국집 문을 열고 들어가는데 등이 허전하다. 등에 있어야 할 소형 배낭이 없다. 머릿속이 하얘졌다. 고개 위에서 쉬다가 그냥 벗어 놓고 와 버린 것이다. 돈, 여권, 카드, 핸드폰, 카메라 다 거기 들어 있는데… 낭패다.

자전거를 중국집에 맡기고 택시를 타고 고개로 향했다. 가면서 생각하니 한심스럽다. 차가 빈번한 고갯마루 산불감시초소 옆에서 쉬었는데 손이라도 탔으면 당장 택시비 줄 돈도 없다. 고개 위에는 승용차가 한 대 서 있었지만 천만다행으로 배낭은 감시초소 옆에 있던 그대로 놓여 있었다. 배낭을 안고 가슴을 쓸어내리며 마음속으로 다짐했다. 정신 바짝 차려야 한다고. 놀라고 지쳐서 더는 기력이 없다. 시외버스를 타고 임계로 와서 터미널 앞 모텔에 들었다.

5월 14일 | 임계, 100㎞

어제 무리한 때문인지 몸이 무겁다. 버스를 타기로 했다. "동해가는 버스를 타기위해 터미널에 나가 기다렸으나 버스는 오지 않았다. 버스회사에 전화해보니 이미 출발했다고 한다."

오전에 한 번 있는 버스를 놓쳤으니 택시를 타야 하나? 근처 식당에 가서 된장찌개를 시켜 놓고 택시회사에 전화를 했으나 받지 않는다. 식당 주인이 말하길, 임계에 택시는 한 대뿐이고 전화를 안 받으면 멀리 갔거나 쉬는 것이라 한다. 백봉령까지 가면 내리막길이니 자신의 차로 태워다 주겠다고 한다. 트럭에 자전거를 싣고 가면서 이런 저런 대화를 나누었다. 임계에서 동해 가는 버스가 하루 8번 운행한 적도 있으나, 살던 이들이 더러는 죽고, 더러는 외지로 나가고, 살러 들어오는 이는 없으니 해가 지면 거리는 텅 빈다고 달관한 듯 말씀하신다.

백봉령 정상에 내렸다. 여기서부터 동해항까지는 내리막길 15㎞이다. 브레이크레버를 꽉 쥐고 내려가는데 오른쪽 페달 부위에서 나는 소리가 점점 심해진다. 동해항 근처의 자전거수리점에 가니 베어링이 파손되었다고 한다. 여분의 페달을 어제 집으로 부쳤는데 바로 문제가 생기다니…. 페달 한 세트를 사서 가방에 넣었다.

배는 오후 4시 30분에 출발했다. 뱃전에 서서 멀어지는 육지를 한참 바라보았다. 날이 흐리고 파도가 높다.

―

"지나간 것을 뒤쫓아 생각지 말고
아직 오지 않은 것을 기다리지 말라.
과거는 지나갔고 미래는 오지 않았기 때문이다.
다만 현재의 법(法)을 보라."

― 중아함경(中阿含經)

PART 02

–

러시아

블라디보스톡 → 우수리스크 → 크라스키노

우수리스크

러시아

중국

블라디
보스톡
5월 15일

슬류단카

훈춘

5월 23일

크라스키노

동해

북한

길가에 죽어있는 나비가
가득하다. 하나 주워 보니
살아있는듯 죽어있다.
모양은 하나도 변한게
없는데 ....
舍利子是諸法空
相不生不滅不垢
不淨不增不減 ...
2017. 6. 24 일 克一河.

5월 15일 | 블라디보스톡(Vladivostok)

갑판에 나가면 춥고 침상에 누우면 어지럽고…. 그렇게 자다 깨다를 밤새 반복하다 아침을 맞았다. 오후 2시, 배는 블라디보스톡항에 닿았다. 입국 수속은 까다롭지 않았다. 항구를 빠져나오니 거리가 생각보다 복잡하다. 숙소인 한인 민박 슈퍼스타게스트하우스는 항구에서 멀지는 않은 듯한데, 거리로 나오니 방향을 찾기가 힘들다. 두리번거리며 나아가는데 오른쪽 페달이 끼익 소리를 내며 빠져 버리고 말았다. 공원에 자전거를 세우고 동해에서 구입한 페달로 교체했다. 게스트하우스는 찾기가 쉽지 않은 위치에 있었다. 여러번 길을 물어 간신히 찾아 들어갔다. 젊은 사장 장원구 씨에게 다음 일정과 관련하여 이것저것 여러 가지를 물었는데 상세히 알려 주었다.

▼ 블라디보스톡 항

5월 16일 | 블라디보스톡(Vladivostok)

아침에 전망이 좋다는 언덕에 올라가서 사진을 몇 장 찍고 한참 서성이다 내려왔다. 점심 무렵에는 신한촌 기념비를 찾아갔다. 비는 3개의 화강암 기둥으로 되어 있었다. 고려인과 북한, 남한을 의미한다고 한다. 고려인 회장이라는 분이 관리하고 계셨는데 몸이 많이 불편해 보이셨다. 비 옆에 관리소가 있었다. 앨범에 있는 안 의사의 사진을 보여 주시며 후손은 아니지만 자신이 안 의사와 많이 닮았다고 하며 웃으셨다. 손을 꼭 잡아 드리고 나왔다. 괜히 미안하고 서글픈 생각이 들었다.

저녁에 게스트하우스 장원구 사장과 같이 최재형 선생 거주지, 고려인 이주 150주년 기념비를 돌아보았다. 자리에 누워 반야심경 해설을 읽는데 이 구절에 자꾸 눈길이 머문다.

> 지나간 것을 뒤쫓아 생각지 말고
> 아직 오지 않은 것을 기다리지 말라.
> 과거는 지나갔고 미래는 오지 않았기 때문이다.
> 다만 현재의 법(法)을 보라.
> – 중아함경中阿含經

아직 닥치지 않은 일에 대해 생각이 깊은가 보다.

아침 일찍 해양공원에 가서 반야심경을 읽고 새기며 한참 시간을 보냈다.

> 부처님이 깨달음에 들어갈 때 모든 것이 공(空)한 것을 비추어 보시고 온갖 고통을 건너느니라. 사리자여! 색이 공과 다르지 않고, 공이 색과 다르지 않으며, 색이 곧 공이고 공이 곧 색이니, 감각, 생각, 행동, 의식도 모두 공한 것이니라.
>
> *觀自在菩薩 行深般若波羅蜜多時 照見 五蘊皆空 度 一切苦厄 舍利子 色不異空 空不異色 色卽是空 空卽是色 受想行識 亦復如是*

오래전 어느 가을날 북한산에 갔다가 작은 암자로 들어갔었다. 돌계단 양옆에 나무를 박아 놓고 먹으로 '존재하는 모든 것은 허망한 것이다. 만약 상을 상이 아닌 것으로 본다면 바로 여래를 보리라.'라고 쓰여 있었다. 어느 경에 나오는 문구인가 궁금하여 구부정한 노처사에게 물으니 모른다고 한다. 세월이 흐른 뒤에 우연히 『금강경』에 나오는 구절임을 알았다.

"凡所有相 皆是虛妄 (범소유상 개시허망) 若見諸相非相 卽見如來 (약견제상비상 즉견여래)." '若見諸相非相, 상을 상이 아닌 것으로 본다면'에서 상은 색(色), 상이 아닌 것은 공(空)일 것이다. 유명한 아인슈타인의 에너지−질량 등가식 'E=mc²'은 상(相)이 없는 에너지(E)가 곧 상(相)을 가

진 질량(m)과 같은 것임을 뜻한다. 그러면 색즉시공 공즉시색(空卽是色 色卽是空)은 결국 E=mc²을 말함인가?

'불확정성 원리'로 유명한 하이젠베르크는 "물질의 가장 작은 단위는 일반적으로 바라볼 수 있는 물리학적 대상이 아니다. 그것들은 형태이기도 하며 수학적인 언어로만 명료하게 표현할 수 있는 생각이기도 하다."라고 말했다. 물질이 생각 곧 관념이라는 것이다. 정말 궁금한 게 있다. 스님들이 '크게 깨쳤다'고 할 때 그것은 무엇을 말하는 것일까? 어떤 심리적인 상태를 말하는 걸까? 아니면 범인(凡人)이 보지 못한 뭔가를 본 걸까? 세상이 관념으로 보이는 걸까? 정말 궁금하다.

자전거와
반야심경과
장자

▲ 1920년 일본군에 의해 총살당하기 전까지 최재형 선생이 살던 집. 가정집이라 들어가 볼 수는 없었다.

5월 18일 | 우수리스크(Ussuriysk), 100㎞

차량 통행이 뜸한 시간에 시내를 벗어나려고 아침 일찍 게스트하우스에서 나왔다. 우수리스크까지는 100㎞가 조금 넘는 거리이다. 도로를 여러 번 머릿속에 숙지해 둔 덕에 비교적 순조로운 주행이었으나 뒷타이어에 공기를 주입하다가 사용 미숙으로 준비해 온 CO_2 펌프 3개를 모두 날리고 겨우 채울 수 있었다.

건물에 걸린 숙소명이 예약 사이트의 이름과 달라 이리저리 왔다 갔다 하며 묻고 또 물어 겨우 찾아냈다. 고려인 문화센터에 들렀다가 익숙한 냄새에 끌려 식당으로 가니 라면을 판다. 종업원은 생김새는 고려인인데 우리말을 모른다.

5월 19일 | 우수리스크(Ussuriysk)

날이 흐리고 바람이 세다. 자전거를 타고 이상설 선생 유허비가 있다는 수이푼 강변으로 갔다. 바람이 거세게 불어 자전거가 나가질 않는다. 선생의 유허비는 강변 야트막한 언덕에 있었다. 비는 어쩐지 선생의 이미지와 닮지 않아서 거북하다. 수이푼 강물만 한참 바라보다 왔다.

1870년 충북 진천에서 태어난 선생은 1905년 을사조약이 체결되자 을사오적의 처단을 주장하는 상소를 5차례 올리고 1906년 조국을 떠나 상하이와 블라디보스톡을 거쳐 간도 용정촌으로 갔다. 선생은 이곳에 신학문과 항일민족교육의 요람인 서전서숙(瑞甸書塾)을 설립하고 사재를 털어 무상교육을 실시했다. 1907년 이준(李儁), 이위종(李瑋鍾)과 헤이그 만국평화회의에 고종황제의 정사로 파견되어 을사조약의 부당함을 세계에 알린 선생은 1914년 최초의 망명정부인 대한광복군정부를 세우고 정통령에 선임됐다. 1917년 3월 2일 지병이 악화돼 이국땅에서 순국했다. 삼일만세운동 2년 전의 일이다. 선생은 임종 전 유명을 남기셨다.

"동지들은 합세하여 조국광복을 기필코 이룩하라.
나는 조국광복을 이루지 못하고 세상을 떠나니
어찌 고혼인들 조국에 돌아갈 수 있으랴.
내 몸과 유품은 모두 불태우고
그 재도 바다에 날린 후 제사도 지내지 말라."

▲ 이상설 선생의 고혼孤魂이 잠든 수이푼강, 강물을 역류시킬 정도로 바람이 거셌다.

유언에 따라 선생의 몸과 유품은 불태워지고 재는 수이푼강에 뿌려졌다.

아!
선생님!
제사도 지내지 말라니요.

5월 20일 | 필리포브카(Filippovka), 105㎞

오늘은 어디까지 가야 하는지 감이 오지 않는다. 슬라뱐카까지 가면 좋겠지만 130㎞는 너무 멀다. 날씨도 선선하고 도로도 평탄하고 차량도 뜸하고 덩달아 기분도 좋아 어디까지라도 갈 수 있을 거 같았는데 돌연 자갈길 비포장도로가 나타났다. 그제 왔던 길과 겹치는 구간이 있어 우회하는 도로로 접어든 것인데 비포장일 것이라고는 생각 못했다. A139번 도로와 만나는 15㎞ 구간 동안 타이어가 걱정될 정도로 길 상태는 좋지 않았다.

비포장길을 벗어난 후 갈림길에서 별 생각 없이 직진했는데 다시 블라디보스톡으로 가고 있다는 걸 알았다. 12㎞나 돌아가야 한다. 다시 갈림길로 와서 간단히 요기를 하고 물 1.8리터와 탄산음료 1병, 사과 1개를 사서 가방에 챙겼다. 날씨가 더워 생각보다 물이 빨리 떨어진다. 물이 떨어지면 육체보다 정신이 먼저 긴장한다.

105㎞ 정도 갔을 때 작은 오두막이 여러 채 있는 농장이 보였다. 자전거를 끌고 안으로 들어갔다. 젊은 남성은 한쪽 눈이 좀 이상하고, 젊은 여성은 술에 취한 듯 접이식 의자에 누워 볼멘소리를 하고, 초등학생으로 보이는 여자애가 응대를 한다. 1박에 얼마냐고 물으니 500루블이란다. 침대와 전등만 있는 작은 오두막이다. 근처에는 마을도 가게도 없다. 간단히 씻고 이것저것 꺼내 먹었다. 땀을 많이 흘려서인지 자꾸 물만 먹힌다.

이웃한 오두막의 젊은 커플(바실리와 안나)이 닭날개 구운 것과 초콜릿, 홍차를 가져왔다. 내가 바이칼을 지나 유럽까지 간다고 하니 미쳤다고 한다. 바실리는 사냥꾼이다. 총을 보여 주며 표범을 잡은 적도 있다고 한다. 아, 그런데 아까부터 어금니가 아프다. 한 달 전부터 조금씩 아프긴 했지만 아프다 말겠지 했는데 어쩐지 느낌이 좋지 않다. 아스피린 한 알을 먹고 자리에 누웠다.

5월 21일 | 슬랴반카(Srabanka), 70㎞

지난밤 내내 천둥 번개와 굵은 빗방울 소리가 계속 들려 걱정했는데, 다행히도 아침에 하늘은 깔끔하게 개었다. 잠자는 바실리를 깨워 인사하고 출발했다. 공기는 선선한데 햇볕은 뜨겁다. 슬랴반카에 들어와서 적당한 숙소를 찾아 들어갔다. 일요일이라 약국도 문을 닫았고 식당도 눈에 띄지 않는다. 노점에서 사과와 복숭아, 말린 견과를 사고 마트에서 맥주와 소시지를 샀다. 저녁에 자리에 누우니 이도 아프고 자꾸 오한이 난다.

5월 22일 | 크라스키노(Kraskino)

낯선 땅에서 다소 무리한 주행과 낯선 언어에 시달린 탓에 몸과 마음이 지치니 언제 어디에 있어야 하는 것도 아닌데 자꾸 조급해지려 한다. 아침에 일어나 반야심경을 읽었다.

사리자여! 모든 것은 결국 공(空)한 것이므로, 생겨나지도 없어지지도 않으며, 더럽지도 깨끗하지도 않으며, 늘지도 줄지도 않느니라. 그러므로 공의 관점에서는 실체가 없고 감각, 생각, 행동, 의식도 없으며, 눈도, 귀도, 코도, 혀도, 몸도, 의식도 없고, 색깔도, 소

리도, 향기도, 맛도, 감촉도, 법도 없으며, 눈의 경계도 의식의 경
계까지도 없고….

舍利子 是諸法空相 不生不滅 不垢不淨 不增不減 是故 空中無色 無受想行識 無

眼耳鼻舌身意 無色聲香味觸法 無眼界 乃至 無意識界

'그렇다, 모든 것은 공한 것이다. 답답함도 조급함도 몸도 마음도
다 실체가 없는 것이다.'라고 여러 번 되뇌어도 실체가 점점 더 분명
해진다. 여전히 공은 공이고 색은 색일 뿐이다.

　날도 흐리고 몸도 안 좋아서 크라스키노까지 버스를 탔다. 자전거를
싣는 데 애먹었다. 짐을 다 떼어 내고 앞바퀴를 분리하고서야 겨우 실
었다. 모든 걸 혼자 해야 하니 작은 일도 큰일이 된다. 버스는 자루비
노항을 들러 크라스키노에 닿았다. 버스 정류장 근처에 식당을 겸하는
호텔이 있었다. 체크인 후 자전거를 타고 단지동맹비를 찾아갔다. 길
은 푸근하고 이국적이고 한적하고 아름답다. 날아갈 듯한 기분이다.

　단지동맹비는 크라스키노(연추하리)에서 쥬가노프 다리 건너 2㎞ 지
점 야트막한 언덕 위에 있었다. 여러 차례 옮겨 다니는 곡절을 겪었다
고 한다. 안중근 의사는 1909년 3월 11명의 항일투사들과 '단지회(斷指
會)'라는 비밀결사를 조직했다. 열두 분이 테이블에 둘러앉아 한 분 한
분 돌아가며 칼로 왼손 네 번째 손가락 한마디를 자르고 흐르는 피를
종지에 받아 모은다. 모은 피를 붓에 묻혀 태극기에 '대한독립(大韓獨
立)'이라 쓴다. 서늘하고 엄중한 장관이었을 것이다. 손가락을 생으로

자르는 일이 어디 만만한 일인가? 육이오 전까지 손가락 마디를 담은 나무상자가 전해지고 있었다고 어느 책에서 읽은 기억이 나는데, 이후 어찌 되었는지 전해지는 말이 없으니 안타깝다.

1. 크라스키노(연추하리) 단지동맹비
2. 크라스키노

"불법은 세간에 있으니 세간을 떠나지 않아야 깨우칠 수 있느니라

(佛法在世間不離世間覺),

세간을 떠나 깨우침을 찾는다면 토끼에게서 뿔을 찾는 것과 같으리

(離世覓菩提恰如求兎角)."

– 육조 혜능

PART 03
중국

훈춘 → 하얼빈 → 치치하얼 → 아롱치 → 껀허 → 흑산두 → 만주리

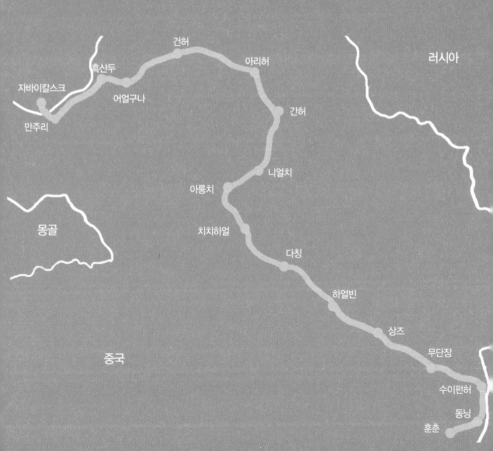

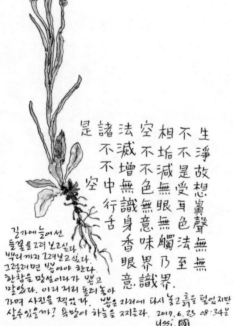

不生不滅　不垢不淨　不增不減　是故空中無色　無受想行識　無眼耳鼻舌身意　無色聲香味觸法　無眼界乃至無意識界．

길가에 늘어선
들꽃을 그려 보고싶다
뿌리까지 그려보고싶다
그럴려면 밤이야 한다
한참을 맘설이다가 뽑고
말았다. 이리 저리 돌려놓아
가며 사진을 찍었다. 밤을 자리에 다시 놓고 흙을 덮었지만
살 수 있을까? 욕망이 하늘을 지르른다. 2017. 6. 23 08:34분
ussi.

5월 23일 | 훈춘(琿春)

하늘에 먹구름이 가득하고 한두 방울씩 빗방울이 떨어진다. 중국-러시아 국경은 도보나 자전거로는 통과할 수 없고 차량 통과만 가능하다. 버스정류장은 숙소에서 가까운 곳에 있었다. 자전거를 싣기 위해 짐칸을 열었다가 허락 없이 열었다고 주의를 들었다. 매표소는 따로 없고 버스 옆에 서 있는 픽업트럭에서 버스표를 산다. 여권을 확인하고 사진을 찍고 1,300루블을 건넸다.

러시아 국경 검문소 통과, 국경 도착, 러시아 출국심사, 러시아 세관, 중국입국심사, 중국세관 순으로 국경 통과가 진행되었다. 자전거의 짐을 두 번씩이나 풀었다 넣었다하는 것이 번거롭긴 했지만 특별한 건 없었다. 12시, 훈춘에 도착했다. 훈춘시는 살아서 펄쩍펄쩍 뛰는 물고기 같았다. 경적 소리, 호객 소리, 버스, 트럭, 택시, 오토바이, 자전거, 삼륜택시, 자전거택시…. 정신이 없다. 중국은행에 가서 위안화를 인출하고 앞에 보이는 빈관에 짐을 풀었다.

배가 고프다. 간단히 얼굴만 씻고 나와 연옥냉면이라고 쓰인 한글 간판을 보고 들어갔다. 만두와 온면, 맥주 1병을 시켰다. 기교가 없는 투박한 맛이다. 음식만 그런 게 아니다. 음식을 담는 그릇도, 가게 장식도, 상차림도, 앉아 먹는 사람들 옷차림도, 말투도 기교가 없고 투박하다. 유심칩을 사러 돌아다녔으나 중국정부에서 발급한 신분증이 있거나 나를 보증해 줄 친지와 함께 와야만 살 수 있다고 한다. 숙소로 돌아가는 길에 자전거펌프를 샀다. 업소용이라 무겁고 커서 망설였지만 달리 선택의 여지가 없었다. 밤에 치통 때문에 깼다. 내일 치과에 가서 뽑아도 된다면 뽑아야겠다고 생각하며 진통제를 먹고 다시 잠을 청했다.

5월 24일 | 훈춘(珲春)

아침에 반야심경을 읽었다. 마음이 평안해지고 차분해지는 느낌이다.

"어리석음도 없고 어리석음이 다함도 없으며, 늙고 죽음도 없고 늙고 죽음이 다함도 없으며, 괴로움도 없고 괴로움이 생기는 원인도 괴로움의 소멸도 괴로움의 소멸에 이르는 길도 없으며, 지혜도 얻음도 없느니라. 얻을 것이 없는 까닭에 지혜로운 자는 반야바라밀다를 의지하므로 마음에 걸림이 없고 걸림이 없으므로 두려움이 없어서, 뒤바뀐 헛된 생각을 멀리 떠나 생사를 초월한 깨달음에 들어가며…."

無無明 亦無無明盡 乃至 無老死 亦無老死盡 無苦集滅道 無智亦無得 以無所得故
菩提薩埵 依般若波羅蜜多故 心無罣礙 無罣礙故 無有恐怖 遠離顚倒夢想 究竟涅槃

숙소를 저렴한 곳(옛성빈관)으로 옮겼다. 방값은 싼데 자전거를 들여놓으니 비좁고 답답하다. 택시를 타고 훈춘시 중의원으로 갔다. 줄을 서서 수납하고 3층 구강과로 갔다. 치과의는 한족인데 내가 한국인이라 했더니 조선족 의사를 데려와 통역해 가며 치료해 주었다. 어금니 아래 염증이 생겼단다. 어금니 때운 부분을 갈아내고 약솜을 채워 넣고 다시 봉했다. 일시적인 치료이니 염증이 사라질 때까지 1주일에 한 번씩 주기적으로 치료를 받아야 한다고 한다. 뭔가 제대로 치료를 받은 느낌은 드는데 주기적으로 치료를 받아야 한다니 걱정거리가 하나 생겼다.

5월 25일 | 도문(圖們)

어제 저녁부터 먹구름이 하늘을 가득 채우더니 밤새 비가 내리고 아침이 되어도 그칠 기미가 없다.

방이 너무 좁다. 대충 재어 보니 1.7m×4m 정도의 공간이다. 세면대, 변기, 침대가 있고 창이 있긴 하지만 자전거를 들여 놓으니 움직이는 것도 자유롭지 못하다. 가슴이 답답하다. 승조라는 스님이 있었다. 왕의 말을 듣지 않아 처형당했는데 죽기 전에 유게(遺偈)를 남겼다.

사대원무주 四大元無主	사대(몸)는 원래 주인이 없고
오온본래공 五蘊本來空	오온(마음)도 본래 공한 것일 뿐
장두임백인 將頭臨白刃	칼날이 내 머리를 내리치겠지만
흡사참춘풍 恰似斬春風	흡사 봄바람을 베는 것 같으리라.

스님의 말이 옳다. 답답함? 모두 마음의 문제이고 생각의 문제다. 그래도 범인(凡人)은 어쩔 수 없이 답답하다. 있지 않은 것이 있는 것을 움직이고 부린다.

버스를 타고 도문(圖們)에 내려 두만강 중조(中朝)국경에 갔다. 날씨 탓인가? 을씨년스럽고 썰렁하다. 두만강 폭은 생각보다 좁고 물의 흐름이 빠르고 탁하다. 한참을 서성이며 강 건너를 바라본다. 우리는 어쩌다 서로 반목하게 되었을까? 도문-훈춘 간 국도는 두만강 물길을 따라 나 있다. 강 건너는 북한이다. 드문드문 농가가 한두 채씩 보이는데 고립되고 고독하고 남루한 풍경이다.

▲ 두만강, 도문(圖們) 강 건너가 북한 땅

5월 25일 | 용정(龍井)

갤 것 같았던 하늘이 다시 흐려져서 비를 뿌린다. 오랜만에 땀을 흘리며 깊은 잠을 잤다. 일어나니 몸이 개운하다. 버스를 타고 용정에 도착, 택시를 타고 윤동주의 모교인 용정제1중학교에 내렸다. 전시실을 둘러보고 나오다가 "윤동주의 묘가 여기서 먼가요?" 하고 물으니 "못 찾습니다." 한다. 위치를 아는 분이 한 분 계신데 오늘 나오지 않으셨다고 한다. "택시를 타면 어떨까요?" 했더니 "택시요? 그 사람들 모릅니다." 한다. 아쉽게도 윤동주 묘에는 가 보지 못했다.

1943년 윤동주는 '교토 조선인 학생 민족주의 그룹 사건'으로 일본 경찰에 체포되어 2년형을 선고받고 복역 중 후쿠오카형무소에서 사망했다. 장례는 1945년 3월 6일 용정의 집에서 부친과 당숙이 안고 온 유골을 관에 넣는 형식으로 치러졌다. 윤동주 묘는 이후 잊혔다가 1985년 용정을 찾은 일본 와세다대학 오오무라 마스오 교수에 의해 다시 세상에 알려지게 되었다.

"거 나를 부르는 게 누구요

가랑잎 이파리 푸르러 나오는 그늘인데,

나 아직 여기 호흡이 남아 있소.

한 번도 손들어 보지 못한 나를

손들어 표할 하늘도 없는 나를

어디에 내 한 몸 둘 하늘이 있어

나를 부르는 게요.

일을 마치고 내 죽는 날 아침에는
서럽지도 않은 가랑잎이 떨어질 텐데…
나를 부르지도 마오. "
— 윤동주, 「무서운 시간」

　윤동주에게는 영혼의 동반자가 있었다. 전시실에서 윤동주와 함께
자꾸 눈에 띄던, 고종사촌 송몽규가 그다. 석 달을 사이에 두고 태어

▲ 용정제1중학교에 있는 윤동주 상

난 윤동주와 송몽규는 어려서부터 같이 먹고 자고 한 학교 한 교실에서 쌍둥이 형제처럼 자랐다. 송몽규는 급진적 혁명 성향의 독립운동가로 윤동주의 삶에 큰 영향을 끼쳤는데, 윤동주보다 나흘 먼저 체포되어 한 달 간격으로 나란히 옥사하였다. 기이한 인연이다.

> "항상 윤동주의 뒤에는 송몽규가 있었다.
> 윤동주의 앞에는 송몽규가 있었다.
> 송몽규는 윤동주의 그림자가 되어 있었다.
> 무슨 일을 하든 윤동주의 조용한 얼굴에는 송몽규가 있었다.
> 송몽규는 독립군에 들어가 있을 때도 그의 그림자는 남겨 놓고 떠났다.
> 학교는 그럭저럭 윤동주와 맞먹었어도 생각하는 것,
> 그것을 옮기는 것은 송몽규였다."
> – 이탄, 「송몽규」 중

용문교에서 해란강을 따라 걷다가 용두레 우물을 지나 조선족 식당에 들어갔다. 차림표에 한글로 개탕이 있어서 "개탕 주세요." 했더니 "개탕 없습다. 다 팔았습다. 소탕 있습다." 한다. 소탕을 시켰다. 정직한 맛이다. 식당을 나오니 맞은편에 신화서점 간판이 눈에 띄기에 들어갔다. 한쪽 벽에 조선어로 된 소설류가 따로 진열되어 있다. 『윤동주의 인생여정 연구』라는 책을 샀다.

1. 용문교
2. 용두레 우물

자전거와
반야심경과
장자

"용두레 우물가에 밤새소리 들릴 때
뜻깊은 용문교에 달빛 고이 비친다
이역 하늘 바라보며 활을 쏘는 선구자
지금은 어느 곳에 거친 꿈이 깊었나"
– 윤해영 작사 · 조두남 작곡, 「선구자」 2절

지금이 아니라 100년쯤 전에 만주에서 태어났더라면 삶이 어땠을까?

5월 27일 | 춘화(春花), 94㎞

아침 일찍 빈관을 나왔다. S201번 국도를 따라 춘화(春花)까지 갈 생각이다. 날씨는 쌀쌀했지만 도로는 생각했던 것보다 넓고 잘 포장되어 있었고 교통량도 거의 없었다. 설산촌이라는 마을을 지나갔다. 산마루가 눈에 하얗게 덮여 있었다.

▼ 설산촌

오래전에 박경리의 『토지』 1부를 읽을 때 이야기가 너무 재미있어서 책장을 넘기는 것이 아까웠던 적이 있었는데, 오늘은 경치가 뒤로 사라지는 것이 아쉬워 자전거를 돌렸다가 되돌아오곤 하였다.

오후 1시, 춘화에 도착했다. 길 양옆으로 마을이 형성되어 있었다. 여관을 찾아 들어갔다. 1박 30위안. 주인 남자는 여권을 한참 들여다보더니 자신은 '읽을 수 없다'고 해서 내가 직접 이름과 여권번호 등을 투숙객명부에 써 넣었다. 간단히 세수를 하고 나오니 군인 3명이 와 있다. 한 사람은 조선족이고 두 사람은 한족인 듯하다. 여권과 내 얼굴을 사진 찍고 카메라에 저장된 사진을 하나하나 돌려보았다. 질문이 이어졌다. 한족 군인의 질문을 조선족 군인이 통역했다. 레닌의 벽화를 찍은 사진을 보고

"이건 어디서 찍은 겁니까?"

"러시아에서….."

"로시아에서 넘어왔습니까?"

"네."

"여기는 무슨 일로 왔습니까?"

"하얼빈에 가는 중입니다."

"하얼빈은 무슨 일로 갑니까?"

"단순 여행입니다."

"접경지역 취재하러 온 건 아니지요?"

"아닙니다."

"여기는 로시아 접경지역이라 말입니다.

 길에서 벗어나면 안 된다 말입니다.

 바로 로시아라 말입니다."

"아! 네~"

"주의하시고 여행 잘하십시오."

"네, 알겠습니다."

1~2. 춘화(春花)

근처 식당에 가서 지삼선(地三鮮)과 맥주를 시켰다. 접시가 크고 맛있다. 인터넷도 카카오톡도 되지 않는다.

5월 28일 | 둥닝(东宁), 130㎞

아침안개가 자욱하고 공기가 차다. 둥닝까지는 130㎞, 만만한 거리가 아니다. 처음 50㎞는 오르막길이 많아서, 나중 10㎞는 날이 더워서 힘들었다.

오후 3시, 둥닝에 도착했다. 적당해 보이는 여관에 들어갔다. 화장실 공용 1박 60위안. 생각해 보니 오늘 제대로 먹은 게 없다. 간단히 세수만 하고 시장을 찾아갔다. 동파육덮밥, 맥주, 양꼬치, 호떡, 구운 닭 반 마리를 먹었다. 주머니에서 지갑을 꺼내다가 핸드폰을 바닥에 떨어뜨려 액정 윗부분이 깨졌지만 다행히 사용에는 별 문제가 없다.

▲ 춘화-둥닝 가는 길

▲ 둥닝(东宁)

5월 29일 | 수이펀허(綏芬河), 70㎞

　7㎞ 정도를 가다가 다시 되돌아왔다. 이 길이겠지 하고 막연히 생각했는데, 반대쪽으로 가고 있었다. 판단의 근거도 없이 행동한 탓에 갈 길이 14㎞나 늘어났다. 수이펀허까지 주행거리가 70㎞ 정도로 짧으니 그나마 다행이다. 오르막길이 거의 20㎞ 정도 계속되었다. 힘들다. 하지만 오르막이 있으면 반드시 내리막이 있는 법이다. 처칠이 이런 말을 했다. "If you are going through hell, keep going." 지옥을 지나고 있는가? 그러면 계속 가라. 마땅한 숙소를 찾아 한참을 헤매다 금하빈관(金河宾馆)에 들어갔다. 의외로 쾌적하다.

5월 30일 | 수이푼허(綏芬河)

새벽에 오줌을 누는데 냄새가 심하게 난다. 몸이 안 좋으니 쉬라는 신호다. 거울을 보니 얼굴이 수척하다. 조금 놀랐다. 하루 더 쉬면서 오늘은 버스타고 무단장(牡丹江)이나 다녀오자고 생각했다. 하루 숙박 요금을 더 지불하면서 "버스터미널이 먼가?" 물으니 무단장 가는 버스는 없고 기차를 타야 한단다. 주인장은 내가 못 미더웠는지, 빈관 이름을 종이에 써 주시며 역으로 가는 버스정류장까지 따라 나왔다. 한 건물을 가리키며 돌아올 때는 저 건물을 보고 찾아오라고 당부하며 버스에 오를 때까지 기다려 주었다. 무단장까지는 약 150㎞, 기차로 2시간 거리이다. 앞에 마주 앉은 젊은이는 술 냄새를 약간 풍기는데 뭔가 잘 안 풀리는 일이 있는지 얼굴에는 고뇌가 가득하다. 짠하다. 아! 젊은 날의 고뇌여!

무단장에서 돌아와 짐을 정리했다. 비타민C 40알, 엽서 20장과 케이스, 며칠 전 산 『윤동주의 인생여정 연구』, 명함 50장, 카메라 매뉴얼 등을 버렸다. 종이 한 장도 짐이다.

5월 31일 | 무링(穆棱), 95㎞

수이푼허시는 러시아에서 들어오는 원목의 수송기지 역할을 하는 듯하다. 이른 아침 마른나무의 속살 냄새로 도시의 공기가 상쾌하고 차다. 손가락이 시릴 정도다. 홍화령이라는 고개를 넘었다. 바람도 없고 뻐꾸기 우는 소리도 계속 이어지고 평온하던 날씨가, 11시를 넘기며 돌풍이 불고 검은 구름이 몰려오더니 빗방울이 떨어지기 시작했다.

비를 쫄딱 맞으며 무링(穆棱)에 도착해서 '여관'이라 쓰인 간판을 보고 들어갔다. 아래층은 당구장이고 위층에 방이 있다. 주인은 다리를 심하게 저는데 1박에 15위안, 화장실은 아래층에 하나, 씻는 곳은 따로 없고 방에 있는 플라스틱 대야에 물을 받아다 씻어야 한다. 주인이 주전자에 물을 끓여 큰 보온병에 가득 담아 가져다 주었다. 신분증을 달라기에 여권을 주니 한참 들여다보다가 그냥 적을 필요 없다고 손을 내저었다. 방값이 싼 이유가 있었다. 복도는 사람이 지날 때마다 삐걱거리고 아래층에서 당구치고 떠드는 소리, 옆방 TV 소리는 새벽까지 이어지고 담배연기는 계속 올라온다. 새벽에 소변이 마려운데 옷을 주워 입고 아래층 당구장 구석 화장실까지 가는 게 번거로워 플라스틱 대야에 소변을 보았다.

6월 1일 | 무단장(牡丹江), 50㎞

아침에 일어나 보온병의 더운물로 수건을 적셔 얼굴을 닦았다. 촌스럽고 허접해 보이지만 보온병의 성능은 놀랍다. 물을 부은 지 16시간이 지났는데 물은 거의 식지 않았다. 맑고 투명하던 하늘이 11시를 지나면서 갑자기 돌변하더니 바람도 세게 불고 빗방울이 떨어지기 시작했다. 도로는 물이 괴어 흥건하고 천둥소리도 들린다. 무단장 시내까지는 5㎞ 정도 더 가야 하지만 이미 흠뻑 젖어 도로변에 있는 여관에 들어갔다. 씻고 잠시 쉬었다가 버스를 타고 시내로 들어갔다. 동경성(東京城) 가는 기차 시간을 알아보려고 무단장역에 갔으나 안내데스크 운영시간이 지났고 매표소는 줄이 길어 물어볼 엄두를 못 내고 숙소로 돌아왔다.

6월 2일 | 동경성(東京城), 발해

새벽에 일어나 반야심경을 한 번 썼다. 숙소를 시내에 있는 빈관으로 옮겼다. 창이 없는 방은 98위안, 창이 있고 좀 넓은 방은 148위안. 창이 있는 방을 택했다. 객실 위생을 담당하는 동포 박정숙 님이 기꺼이 도움을 주셨다. 옷가지를 빨아 널어놓고 역으로 가서 동경성행 열차에 올랐다. 발해유적을 보겠구나 생각하니 가슴이 두근거린다. 열차는 낡았고 승객도 드문드문하다. 열차는 무단장(牧丹江) 물길을 따라 올라간다. 특별한 경치는 없으나 창밖을 보고 있으니 왠지 우리 땅인 것처럼 푸근하다.

▼ 동경성(발해) 가는 열차

열차에서 내려 역사를 나오니 동경성-발해(東京城-渤海) 노선 버스가 기다리고 있다. 발해라는 마을이 있다니…. 버스에 올라탔다. 버스에서 만난 동포 한 분이 어디에서 내려 먼저 어디를 들러 어디로 가야 하는지에 대해 자세히 일러 주셨다. 발해절터에서 내렸다. 관람료를 받는다. 30위안, 비싸다. 이곳을 찾는 사람들은 대부분 한국인이라는 것을 잘 알 터인데 한글 안내판도, 우리말을 하는 안내원도 없다. 그냥 돈만 걷겠다는 얘기다. 돌거북, 발해석등, 우물터 등을 둘러본다. 발해석등 뒤에 놓인 커다란 향 태우는 대(臺)가 흉물스럽다.

절터를 나와 걸어서 발해성터로 간다. 여기는 입장료가 50위안이다. 관리소 직원들이 게걸스러워 보인다. 성터를 둘러본다. 나란히 줄지어 박혀 있는 주춧돌 위에 올라서니 너른 들판이 보인다. 성터를 나와 걷는다. 발해현, 발해학교, 발해식당, 발해목욕탕…. 정겨운 이름들이지만, 여기는 남의 땅이고 나는 이방인일 뿐이다.

▼ 발해성터 주춧돌

Ussi's Photo.

1. 발해행 버스
2. 발해목욕탕

자전거와
반야심경과
장자

6월 3일 | 해림(海林)

아침 일찍 숙소를 나와 '해림'가는 버스를 탄다. 버스에서 내려 완탕과 만두로 요기를 하고 한중우의공원을 찾아간다. 기념관은 썰렁하고 그나마도 공사 중이다. 김좌진 장국의 순국지는 버스로 40분 거리인 산시(山市)에 있다고 한다. 노선버스는 배차 간격이 길고 정확하지도 않다고 해서 내키지는 않았지만 택시를 탄다. 택시기사는 목적지를 안다고 했는데 갔던 길을 되돌아오는 등 길을 찾아 헤맨다. 믿음이 가지 않는다.

버스로 40분 거리를 한 시간 이상 걸려 도착했다. 김좌진 장군 유적지는 우리말을 모르시는 노부부가 관리하고 계셨다. 정미소의 위치를 증거하는 연자방아가 발견되면서 장군의 거처, 정미소, 회의실 등의 건물을 복원해 놓았다. 청산리 전투의 영웅인 장군은 1927년 7월 903명의 독립군과 일천여명의 동포를 이끌고 이곳 산시에 정착했다. 근처 농민들에게 편의 제공과 자금난 해소의 목적으로 금성정미소를 열고 운영하던 중, 1930년 1월 24일 고려공산당원 김성실의 총에 맞고 순국하셨다. 정미소 내부에는 순국 추정 위치에 비가 세워져 있다. 이념이라는 거친 칼날이 어지럽게 날던 시기였으니 시대를 탓할 수밖에 없겠으나 안타까운 일이다.

> *적막한 달밤 칼머리의 바람은 세찬데*
> *칼끝 찬 서리 고국 생각을 돋구누나*

▲ 산시, 금성정미소 내 김좌진 장군 순국 위치

삼천 리 금수강산에 왜놈이 웬 말인가
단장의 아픈 마음 쓰러버릴 길 없구나.
– 김좌진 장군의 시 「단장지통(斷腸之痛)」

　무단장까지 돌아가는 길은 기차를 타기로 했다. 산시역까지는 관리
하시는 어르신께서 오토바이로 데려다주셨다. 역무원은 젊은 놈인데
여권을 툭툭 던지며 심통을 부린다. 최근 사드 문제로 벌어진 한중 관
계를 불평하는 듯하다. 지켜보던 어르신이 정중하고 부드럽게 응대하

니 표를 내주었다. 나는 고맙다고, 어르신은 잘 가라고 몇 번을 돌아
보며 서로 손을 흔들었다.

6월 4일 | 야부리젠(亚布力镇), 120㎞

아침 일찍 반관을 나와 G301번 국도를 타고 120㎞를 주행했다. 구
글맵은 오프라인 상태에서도 GPS기능이 작동하며, 내 위치를 지도
위에 표시해 준다. 더구나 무료이다. 마지막 20㎞는 비포장도로에 파
인 곳도 많고 트럭의 운행이 많아 흙먼지를 뒤집어썼다.

오후 2시경 야부리젠(亚布力镇)이라는 마을에 도착했다. 비교적 깨
끗해 보이는 빈관에 들어갔다. 100위안. 음식점은 많은데 내부는 음
침하고 작은 방들로 나눠져 있다. 몇 군데 들어갔다가 나왔다. 겨우
홀이 있는 식당을 찾아 닭고기 볶음과 공깃밥을 시켰다. 숙소에 들어
왔다. 왠지 마음이 뒤숭숭해 반야심경을 읽었다.

▼ G301국도변 풍경

"삼세의 모든 부처님들도 반야바라밀다에 의지하므로 최상의 깨달음을 얻느니라. 그런고로 반야바라밀다는 가장 신비하고 밝은 주문이며 위없는 주문이며 무엇과도 견줄 수 없는 주문이니, 온갖 괴로움을 없애고 진실하여 허망하지 않음을 알라. 이제 반야바라밀다주를 말하리라.

아제아제 바라아제 바라승아제 모지사바하.
아제아제 바라아제 바라승아제 모지사바하."

三世諸佛 依般若波羅蜜多故 得阿耨多羅三藐三菩提 故知 般若波羅蜜多 是大神呪
是大明呪 是無上呪 是無等等呪 能除 一切苦 眞實不虛 故說 般若波羅蜜多呪 卽
說呪曰 揭諦揭諦 波羅揭諦 波羅僧揭諦 菩提娑婆訶

6월 5일 | 상즈시(尙志市), 65㎞

오늘은 모든 상황이 최악이었다. 비포장 길은 움푹 패고, 볕은 따갑고, 모래, 자갈, 돌을 가득 실은 트럭이 쉴 새 없이 오가는데 그때마다 흙먼지가 날려 앞이 보이지 않을 정도다. 박상륭의 소설 『죽음의 한 연구』에서 주인공이 유리라는 마을에 들어서는 장면이 떠올랐다.

좀 천천히 가지 하는 야속한 생각이 들기도 했지만 불평을 하지는 않았다. 불평할 이유가 없다. '그들이 나의 삶에 끼어든 것이 아니라 내가 그들의 삶에 끼어든 것이다.'라고 생각하니 마음이 좀 편해졌다. 어쩌면 이런 상황을 바라고 그리워했는지도 모른다. 큰 길가에 있는 여관에 들어갔다. 50위안. 화장실과 욕실 공용. 음식을 먹는 데 걸리 적거리는 콧수염을 깎았다.

6월 6일 | 옥천(玉泉), 80㎞

화장실이 하나뿐이라 사람들이 일어나는 시간을 피해 일찍 서둘렀다. 어제 도로의 진입로를 미리 알아 둔 덕분에 헤매지 않고 G301번 도로에 진입했다. 도로는 어제와는 완전 딴판이다. 오고 가는 차량도 별로 없이 한가하다. 특히 상즈시 출발 30~65㎞ 구간은 울창한 숲길이다. 마치 비로 쓸어 놓은 듯 노면이 깔끔하다. 온갖 종류의 새소리, 바람을 타고 코로 스며드는 꽃향기로 가득하고 꽃을 찾아 오가는 벌과 나비들이 분주하다.

13시, 옥천(玉泉)이라는 마을에 들어섰다. 바람은 이리저리 요란하게 불고 흙먼지는 어디서 날아오는 건지 눈을 제대로 뜰 수 없을 정도다. 먼지 구덩이 속에 들어온 느낌이다. 도로변 빈관에 들어갔다.

시장을 돌아다니며 밥집을 찾다가 '길순구육관(吉順狗肉館)'이라고 쓰인 간판을 보고 들어갔다. 개고기두부탕을 시켰다. 개고기와 두부는 어쩐지 어색한 조합이라고 생각하고 있었는데 혀가 화들짝 놀라는 원형질 같은 맛이었다. 저녁 하늘에 검은 구름이 가득 몰려오더니 굵은 빗방울이 툭툭 떨어진다.

6월 7일 | 옥천(玉泉)

비가 와서 이동할 수 없으니 하루 더 묵으면서 하얼빈에 다녀오기로 했다. 바로 가는 버스가 없어 도중에 한 번 갈아타고 하얼빈에 내렸다. 비가 부슬부슬 내린다. 하얼빈역에 갔다. 사람은 많고 비가 오는 데다 역사는 대공사 중이라 매표소 앞은 머리가 어지러울 정도로 혼잡하다. 역무원 복장을 한 사내에게 안 의사기념관 사진을 보여 주며 위치를 물으니, 역을 빙 돌아 역반대편으로 가라고 손짓한다. 거의 한 시간이나 걸려 역 공사 구간을 돌았으나 찾지 못하고 결국 제자리로 돌아오고 말았다. 다시 인상 좋아 보이는 공안(公安)에게 물으니 공사장 담장 안쪽을 가리키며 저곳에 있었으나 공사로 인해 헐렸다고 한다. 돌아가는 열차표를 끊고 조금 일찍 검표를 하고 대합실로 들어갔다. 젊은 역무원에게 이토 피격 지점 표시 사진을 보여 주며 위치를 물었는데, 공사 중이라 볼 수 없다고 한다. 타고 갈 기차의 개찰구를 확인하니 1번 플랫폼이다. 다시 가슴이 뛰었다. 누군가의 블로그에서 안 의사가 이토를 저격한 위치는 1번 플랫폼 끝부분이라는 글을 본 기억이 있기 때문이다.

2시 정각에 개찰구가 열렸다. 열차 출발까지 남은 시간은 10분. 재빠르게 플랫폼으로 내려와 한쪽 방향으로 바닥을 살피며 걷다가 역무원에게 사진을 보여 주며 다시 물었다. "메이요", 즉 없다는 말이다.

열차에 올라 자리에 앉았다. 가슴 한구석이 허전하다. 안 의사를 진심 존경하여 평생 하얼빈은 꼭 한번 와 보고 싶은 곳이었다. 이토를 향해 방아쇠를 당기기 전까지 극한의 긴장을 넘어 초인적인 침착함과 집중력으로 방아쇠를 당기던 순간을 생각하니, 속에서 뜨거운 뭔가가 훅하고 올라온다.

옥천역에 내려 길순개고기집에 다시 갔다. '저 사람이 오늘 또 왔네?' 하는 눈치였으나 주인은 건실해 보이고 말수가 적은 사람이다. 다만 주문을 받고 음식을 내올 뿐이다. 그게 좋았다. 유리창에 '냉면 · 개고기'라고 한글로 써 놓았다. "조선족이세요?" 하고 물을까 하다가 묻지 않았다. 삶은 개살코기와 맥주를 시켰다. 접시에 손으로 찢은 개고기가 수북이 담겨 나왔다. 맛이 달다. 개고기를 '단고기'라 하는 이유를 알겠다.

6월 8일 | 하얼빈(哈尔滨), 50㎞

주행거리는 짧았지만 힘든 하루였다. 흙먼지가 어찌나 날리는지 눈을 뜰 수 없고 숨을 쉴 수 없을 정도다. 상식적으로 이해가 안 가지만 도로에 가축 똥을 뿌려 놓아 고약한 냄새 때문에 머리가 아플 지경이다.

중앙대로 근처의 빈관에 숙소를 정하고 오후에는 조린공원을 찾아갔다. 안 의사가 이곳에서 구체적인 거사 계획을 세웠다 한다. '청초당'이라 쓰인 안 의사의 친필을 새긴 비가 있었다. 송화강변을 따라 걸었다. 강은 생각보다 넓었다.

1. 조린공원 청초당비
2. 안 의사 유묵, 보물 제569-15, 해군 자료사진
3. 돈 냄새 물씬 나던 중앙대가
4. 화강암돌 886만 개를 깐 길이 1.4㎞의 중앙대가 바닥,
   돌 하나에 은전 한 닢의 비용이 들었다고 한다.

자전거와
반야심경과
장자

6월 9일 | 하얼빈(哈尔滨)

새벽에 창밖을 보니 구름이 짙게 깔려 있다. 메모지에 반야심경을 한 번 쓰고 접어서 웃옷 주머니에 넣었다. 오늘부터 주행 중 틈틈이 외울 생각이다. 비가 올까? 여러 번 망설이다 출발했다. 출발 후 채 10분도 지나지 않은 것 같은데 빗방울이 떨어진다. 심란하다. 아침에 종이에 적어 놓은 반야심경 구절을 외우며 페달을 밟았다.

빗방울은 점점 굵어진다. 공원에 자전거를 세우고 비가 그치기를 기다렸으나 쉬 그칠 비가 아니다. 안 되겠다 싶어 주변에 있는 여관을 찾아 들어갔다. 오후 2시경 해가 났다. 동방교자라는 유명한 만두집을 찾아갔다. 물만두 두 접시를 먹었다. 글쎄, 뭐 특별하다고는 할 수 없는 맛이다.

▼ 송화강변

6월 10일 | 자오둥시(肇东市), 60㎞

날이 차다. 출발 전에 보온레깅스를 입었다. 하루 종일 변덕스런 날씨에 시달렸다. 자오둥시는 온통 붉은색 일색이고 날아오르려는 새가 날갯짓하듯이 활력이 넘친다.

▲ 자오둥 시장

▲ 자오둥시

6월 11일 | 안다(安达), 63㎞

창오(昌五)라는 마을을 향해 가고 있을 때였다. 늘어선 미루나무 사이로 언뜻언뜻 보이는 파란 하늘을 보는데 눈물이 핑 돌았다. 무슨 생각을 한 것 같지는 않은데, 다만 하늘이 파랬을 뿐인데….

오후 2시, 안다(安达)에 도착해 길가에 있는 여관에 들어갔다. 한국인이라고 하니 무척 반긴다.

▲ 이유 없이 눈물이 핑 돌던 파란 하늘

자전거와
반야심경과
장자

6월 12일 | 린뎬(林甸), 130㎞

오늘은 좀 이상한 날이다. 처음에 다칭시(大庆市)까지 갈 예정이었다. 습지 위로 난 긴 다리를 건너 다칭시로 들어가니 흉물스런 타워와 무지막지하게 큰 인공 돌산 조형물이 눈에 들어왔다. 도시가 바닥에 주저앉아 있는 거대한 괴물처럼 보였다. 돈 냄새가 풀풀 날린다. 이곳에 머물고 싶지가 않았다. 도시 외곽을 돌아 북쪽 길로 들어섰다. 돈 냄새에는 이유가 있었다. 다칭시는 유전 위에 세워진 도시이다. 1959년 채굴에 성공하였으며 중국 최대의 유전지대라 한다. 도시 외곽에는 셀 수 없이 많은 채굴기들이 기름을 끌어올리고 있다.

조금만 더 가 보자 하다가 린뎬(林甸)까지 오고 말았다. 도시 분위기가 어수선하다. 여관에 들어갔다. 화장실은 공용이고 샤워시설은 없다. 와이파이도 되지 않는다. 주인의 딸인 듯한 여성의 차림새와 행동이 마땅치 않고 한쪽 구석에서 국수를 꾸역꾸역 먹고 있는 여자의 눈매가 사악하다. 옆방에선 한 무리의 젊은 여자들이 밤늦도록 마작 놀이를 하면서 깔깔댄다. 잠을 이루기 힘들다.

6월 13일 | 치치하얼(齊齊哈爾), 75㎞

4시쯤 깨어 간단히 칫솔질만 하고 도망치듯 여관을 빠져나왔다. 며칠 전부터 '하늘이 참 넓네? 왜 이렇게 하늘이 넓지?' 하고 생각만 했었는데 오늘 그 이유를 알아차렸다. 산이 없다. 며칠 전부터 산을 본 기억이 없다. 사방을 둘러보아도 산이 보이지 않는다.

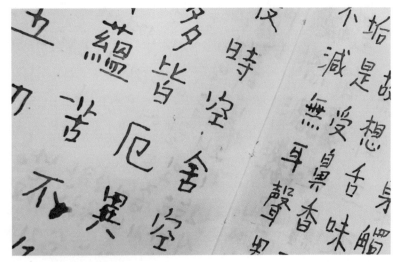

▲ 반야심경, 읽거나 쓰거나 들으면 마음이 평온해진다.

치치하얼은 큰 도시이다. 역 근처의 깔끔해 보이는 빈관에 들어갔다. 주인은 친절하고 방도 깨끗하고 가격도 적당하다. 버스를 타고 대승사라는 절에 갔다. 절은 큰데 운치가 없다.

6월 14일 | 치치하얼(齊齊哈爾)

치치하얼은 이곳 유목민인 다우르족 언어로 목초지대를 뜻하지만, 중국 북동부에서 가장 오래된 석유공업도시이고 인구 540만의 대도시이다. 시내를 돌아다니다가 꽤 큰 자전거 매장을 발견하고 들어가 자전거 루베(체인오일)를 샀다. 훈춘에서부터 들르는 곳마다 찾아다녔으나 찾지 못했었다.

6월 15일 | 치치하얼(齊齊哈爾)

아침마다 열리는 용사공원 시장 구경을 갔다. 시장의 규모가 어마 어마하다. 먹거리의 종류도 다양하고 위생 상태도 좋다. 국수를 한 그릇 먹고 훈제 닭을 한 마리 샀다. 버스를 타고 가서 감남(甘南)으로 통하는 도로의 입구를 확인했다. 날이 더워졌다. 길을 잘못 들어 헤매는 일이 없어야 한다.

6월 16일 | 감남(甘南), 85㎞

예보에 의하면 하루 종일 비가 오락가락한다고 한다. 많은 비가 올 것 같지는 않다. 비를 맞을 각오를 하고 출발했다. 도중에 2시간 정도 비를 맞았다. 오후 3시경 감남에 도착해 빈관에 들어가자마자 옷 가지와 신발을 빨아 창가에 널었다. 신발은 여러 번 헹구어도 발 냄새가 빠지질 않는다.

6월 17일 | 아룽치(阿榮旗市), 25㎞

새벽시장에 갔다. 찾는 것은 어렵지 않다. 사람들이 향하는 방향을 따라가면 된다. 강변에서 원초적이고 야성적인 장이 열리고 있다. 엄청난 인파 속에 온갖 날것과 익은 것, 산 것과 죽은 것들의 냄새와 모양이 뒤엉켜 장관을 연출하고 있었다. 길 위에서 말 한 마리를 해체하고 있다. 살벌하다. 사진을 한 장 찍고 싶다고 했더니 멋쩍게 웃으며 자신과 딸은 나오지 않게 해 달라고 한다.

"불법은 세간에 있으니 세간을 떠나지 않아야 깨우칠 수 있느니라 (佛法在世間不離世間覺), 세간을 떠나 깨우침을 찾는다면 토끼에게서 뿔을 찾는 것과 같으리(離世覓菩提恰如求兎角)."

– 육조 혜능

딱 한 장만 찍었다. 빈관을 나와 10㎞ 정도 가니 흑룡강성과 내몽고 자치구의 경계가 나왔다. 금나라 때 쌓았다는 야트막한 토성이 길게 뻗어 있었다. 경계를 넘어서니 풍경과 분위기가 확연히 달라졌다. 마치 국경을 통과한 느낌이다. 아룽치(阿榮旗)시 중심에 있는 상무빈관 (商務賓館)에 들어갔다.

▼ 감남 새벽시장

6월 18 | 아룽치(阿榮旗)

하루 더 쉬고 싶은 생각이 있었는데 지난밤부터 계속 비가 온다. 오히려 잘된 일이다. 옛 성터가 있다는 잘란툰에 가기 위해 버스를 탔다. 67㎞ 정도 떨어진 곳이다. 잘란툰에 내려 걷다가 택시를 세워 옛 성터를 아느냐고 물었다. 모른다고 한다. 지나가는 행인에게 물었다. 역시 모른다고 한다. 시 외곽으로 난 길을 따라 걸었다. 수로가 잘 발달되어 있고 수량도 풍부하다. 처음 출발할 때 생각한 대로 가다가 보

▲ 택시기사에게 화를 내고 와서 쓴 반야심경

자전거와
반야심경과
장자

이는 것을 보면 될 일인데 이렇게 애써 뭘 찾아다니나? 그냥 가만히 빈관에 누워 빗소리나 들으며 쉴 걸 그랬나?

돌아가는 버스터미널을 찾기 힘들어 택시를 탔다가, 화를 내며 돈을 집어 던지고 내렸다. 버스를 타고 오면서 생각해 보니 택시기사는 최선을 다했는데 그저 내 방식대로 되지 않는다고 화를 낸 꼴이 되고 말았다. 여행객의 자세가 아니다. 스스로 부끄럽고 택시기사에게 미안하다.

6월 19일 | 니얼치(尼尔基镇), 120㎞

새벽 3시에 잠이 깼다. 창밖을 보니 하늘은 구름 한 점 없이 고요한데 달이 밝게 떠 있다. 생각해 보니 여행 떠난 후 달을 보기는 처음이다. 창문을 활짝 열어 놓고 누워서 지나온 길을 떠올려 보았다. 오래된 옛일처럼 희미하고 순서가 얽혀 있다. 새벽달을 한참 처다보다가 날이 밝기 전에 빈관을 나왔다.

오늘 주행하는 8시간 동안 본 하늘은 장대한 파노라마였다. 아마다시는 볼 수 없을 것 같은. 그런데 왜 눈물이 났을까? 두 시간 동안 콧물을 훌쩍거리며 눈이 붓도록 울었다. 아무도 본 사람이 없어 다행이다. 오후 2시 무렵 '니얼치'에 도착했다. 하늘색 때문인가 도시가 상큼해 보인다.

6월 20일 | 간허(甘河), 120㎞

새벽에 구름이 잔뜩 낀 하늘을 바라보니 머릿속이 어수선하다. 비가 올까? 가야 하나? 말아야 하나? 에라, 가자. 주행하는 11시간 내내 비가 오락가락하고 맞바람에 거의 녹초가 되어 간허(甘河)에 도착했다.

6월 21일 | 바이훠샹(白桦乡), 140㎞

새벽 3시에 깨어 멍하니 누워 있는데 누군가가 휘파람을 불며 지나간다. 입으로 내는 소리라고는 믿기 힘들 만큼 소리가 크고 또렷하다. 창문을 열고 아래를 내려다봐도 사람은 보이지 않고 새벽의 거리는 썰렁하기만 한데 "라라라~라라라 라라….." 음조가 애잔하고 고독해서 심장이 조여드는 것 같다.

오후 1시경 바이훠샹(白桦乡)이라는 마을에 도착했다. 그냥 썰렁한 동네다. 음식점에 들어가 국수를 한 그릇 시켜 먹고 근처에 여관이 있는가 물으니 한 곳 있다고 알려 준다. 간판도 없고 문도 잘 닫기지 않고 허름하고 너저분한 여관이다. 여관에 들어서니 대낮부터 술판을 벌이던 두 사내 중 하나가 눈을 똥그랗게 뜨고 "몽골리안?" 하기에 한국인이라고 했더니 손목을 잡아끌어 자리에 앉히고 맥주를 따랐다.

이렇게 시작된 술판은 이후 해가 질 때까지 이 집 저 집 옮겨 다니며 계속되었다. 그는 이곳 출신인데 몽골인이고 지금은 충칭(重庆)에 있는 중학교 체육교사이다. 레슬링 국가대표 출신이라고 입고 있는 유니폼을 여러 번 자랑했다. 술자리는 해가 진 후 여관주인의 만류로

1~4. 바이휘샹(白桦乡)이라는 마을에서 만난 사람들과 함께

끝났다. 4시간 넘게 술을 마시며 돌아다녔지만 정작 그의 이름도 묻지 못했다. 그는 취해서 비틀거리며 돌아갔다.

6월 22일 | 아리하(阿里河), 50㎞

날이 밝자마자 주인과 인사하고 여관을 나왔다. 숙취는 없었다. 어제의 친구에게 인사도 못하고 가는 것이 마음에 걸렸지만 여관 주인에게 인사 전해 달라는 말을 남겼다.

긴 언덕을 힘겹게 오르고 있는 중이다. 땀 한 방울이 왼쪽 허벅지에 떨어졌다. 차다 그리고 짜릿하다. '고통은 육체의 나약함일 뿐이고 등산은 고통을 즐기는 것이다.' 예전에 한창 산에 다닐 때 주워들은 말이다.

1시, 아리하(阿里河)에 도착하여 목욕탕을 겸하는 빈관에 들어갔다. 80위안. 환기도 잘 안 되고 실내가 너무 어둡다. 대신 목욕탕 이용은 공짜다. 오후에 목욕탕에 가서 더운물에 몸을 담갔다. 몸무게를 재어 보니 8㎏ 정도 줄었다. 사람들이 피부색이 허벅지 아래만 까만 것을 보고 의아해하기에 반바지를 입고 자전거를 타서 그렇다고 했다.

6월 23일 | 간허(甘河), 36㎞

12시 조금 넘어 간허(甘河)에 도착했다. 오늘은 주행거리가 36㎞로 짧다. 어제 대흥안령산맥에 진입하면서부터 주행 중에 벌들이 떼를 지어 따라온다. 자전거 주변을 왱왱거리며 도는데 정신이 없다. 나는 모습은 분명 벌인데 앉은 모양은 꼭 파리를 닮았다. 따라오다 말겠지 하고 대수롭지 않게 생각했으나 점점 수가 늘어난다. 서 있으면 어느새 다리를 쏘니 쉴 수도 없고 수건을 휘둘러 쫓아 보아도 소용이 없다. 다리를 여러 군데 물렸다. 벌을 자극하는 것이 뭔지 모르겠다.

6월 24일 | 커이허(克一河), 95㎞

길에서 잠깐 서서 메모를 하고 있는데 마주 오던 SUV차량이 앞에 멈춰 섰다. 창을 내리고 어디로 가느냐고 묻는다. 만주리로 가고 한국인이라고 했더니 시동을 끄고 차에서 내려, "잠은 어디에서 자는가? 지도는 있는가? 몇 살인가? 만주리에서는 어디로 가는가?"등 많은 것을 묻는다.

"잠은 여관에서 자고, 숲에서 잘 수도 있다. 핸드폰 구글맵을 보여주며 이걸 보고 다닌다. 57세이다. 만주리에서 국경을 넘어 바이칼호수까지 갈 생각이다."라고 말했다. 자신은 53세인데 당신 참 대단하다며 엄지를 세워 들어 보이더니 "일로평안(一路平安)"이라고 힘주어 말한다. 악수를 하고 헤어졌다. 그도 이런 류의 여행에 관심이 많을 나이이다.

50㎞ 정도 주행하여 작은 마을을 지나는데 내 나이 또래의 남자가 나를 보더니 잠깐 서라는 손짓을 하여 자전거를 세웠다. 그는 호기심 가득한 표정으로 알아들을 수 없는 말을 쏟아낸다. 웃으며 한국에서 왔고 아침에 아리허에서 출발하여 오늘 커이허까지 간다고 했다. 그

▲ 새벽, 도로를 메운 양떼

는 저쪽으로 가서 물이라도 한 잔 하고 가라고 권한다. 갈 길이 멀어
가야 한다고 말하고 출발하려는데 그 역시 "일로평안" 하며 손을 흔든
다. 태어나서 딱 두 번 들어 본 말을 반나절 만에 두 번 듣다니 희한한
날이다.

오후 2시, 커이허에 도착했다. 마을 구석에 여관이 하나 있었다.
수건을 물에 적셔 대충 몸을 닦았다. 약국에 가서 진통제와 벌에 쏘인
데 붙이는 고약을 샀다.

▲ 커이허(克一河)

6월 25일 | 건허(根河), 91㎞

대흥안령산맥에 들어서면서 몰려들기 시작한 벌파리의 수가 점점 늘어나고 쏘이는 횟수도 많아졌다. 해가 뜨고 기온이 오르기 시작하는 9시 무렵이면 어김없이 나타난다. 긴 오르막길이고 속도가 느리니 여기저기 달라붙어서 쏘아댄다. 멈춰 서서 수건을 휘두르며 쫓아 보지만 수는 점점 늘어난다. 있는 힘을 다해 고개 정상에 도달한 후 전속력으로 내빼듯이 내려왔다.

건허(根河)는 연평균기온 -5.3℃이고 겨울에는 -49℃까지 내려간다고 한다. 중국에서 가장 추운 도시이다. '-58℃'라는 이름의 여관

도 있다. 아마 −58℃까지 내려간 적도 있나 보다. 대로변 빈관에 들어갔다. 씻고 창밖을 내다보는데 길 건너편에 '공광석구강진소(孔光石口腔珍所)'라는 간판이 눈에 들어온다. 치과인가? 가 보자.

길을 건너 문을 열고 들어가니 치과 맞다. 어금니가 아프다 했더니 치료대를 가리키며 누우란다. 별말도 없이 전에 훈춘에서 어금니에 채워 넣었던 약솜을 갈고 다시 봉했다. 3일 후에 주변에 있는 구강진료소에 가서 약솜을 갈아야 한다고 한다. 일단 통증은 사라졌다.

하루 더 머물 예정이다. 어제 그제 벌을 쫓느라 팔을 휘둘러 댔더니 오른쪽 어깻죽지가 뻐근하다.

시장 구경을 나갔다. 시끌벅적하고 복잡하고 지저분하고 위생적이지도 않지만 낯선 언어와 신기한 물건과 생소한 음식과 온갖 것들로 가득 찬 시장에 있으면, 마음이 푸근해진다.

『반야심경강의』를 읽는데 마조선사 이야기가 나온다.

마조가 가부좌를 틀고 앉아 온종일 참선을 하는데 남악 회양선사가
말하길,
"수레가 움직이지 않으면
 수레를 때려야 하는가?
 소를 때려야 하는가?
 그대는 좌선을 배우는가?
 부처를 배우는가?
 좌선은 앉는 데 있지 않고
 부처는 일정한 형상이 없는 것이다.
 머물 곳이 없는 법(法)에 대해
 취하고 버리려는 생각을 내지 말라."
마조스님이 다시 묻기를,
"스님, 그럼 어떻게 마음을 써야 하리까?"

그러자 회양선사가 말하길,

마음 밭에 모든 씨앗 숨겨져 있으니(心地含諸種)

단비 만나면 싹이 트도다(遇澤悉皆萌).

깨달음의 꽃 원래 형상 없으니(三昧華無相)

무엇이 지고 또 무엇이 피어나랴(何壞復何成).

이 말을 듣고 마조스님은 크게 깨달았다.

대섬안렴산맥에 들어서고 낚시
데레지어 나타나 왱왱거리며
쫓아오는 벌 공포스러워
도무지 수 양이 안된다.
고민이다.

아스팔트 위의 질경이, 결국
밟히게 됨으로써 물리적
파괴에 늘 노출되어 있지만
밟힌다 해도 쉽게 상처입지
않는다. 길에서 살라고 해서
길경이라는 옛이름이 있다. 밟히는
곳에서 산다.
亦無老死盡. 無無明 亦無無明盡, 無老死 2019.6.26 일 아침 6:43분 根河市

무슨 소린가? 글쎄? 모든 것은 마음 씀에 있으니 언제 어디서건 좋다 싫다, 옳다 그르다고 구분 짓지 말고 받아들이라는 뜻인가?

6월 27일 | 어얼구나(额尔古纳), 140㎞

어얼구나(额尔古纳市)까지는 약 140㎞로 먼 거리이다. 마음이 급해서인가, 새벽 5시에 빈관을 나왔다. 다행히 바람도 거의 없고 길은 낮은 구릉 사이의 초원을 지난다. 하늘 아래 풀밭, 그게 전부다. 바라보면 그저 막막하다.

▼ 내몽골 초원

초원이니 꽃이 지천이고 당연히 벌도 많아 걱정을 했는데 극성스럽게 몰려들지는 않는다. 하지만 이상하게 오늘은 머리 위에 자꾸 앉으려고 한다. 몇 번을 쳐냈지만 결국 목덜미에 한방 쏘였다.

오후 2시, 어얼구나 시에 들어왔다. 시내에는 외관이 화려한 빈관이 즐비하고 사람들로 넘쳐난다. 뭔지는 모르지만 뭔가 크게 볼 게 있는가 보다. 깔끔해 보이는 빈관에 들어갔다. 욕실, 화장실, 무엇보다도 에어컨이 있다.

6월 28일 | 어얼구나(额尔古纳)

숙소 옆 구강진료소에 가서 약솜을 교체했다. 완치되려면 한 달은 걸리고 그때 봐서 때울 수 있다고 한다.

박물관에 가서 이곳이 습지로 이름난 곳임을 알았다. 택시를 타고 습지공원으로 갔다. 공원 입장료가 65위안(13,000원)이다. 비싸다. 잘못 들은 줄 알았다. 중국의 생활수준이 이렇게 높아졌나? 전망대에서 본 경관은 비경이고 장관이었다.

숙소 근처 식당에서 국수를 시켜 놓고 앉아 있는데 외롭다. 고독한 건가?

"외로움은 단절과 고립을 수반하는 감정이다. 뭔가에 의존하는 사람이 그 뭔가로부터 단절되거나 고립되었을 때 느끼는 감정이다. 반면 고독은 의존하지 않는 마음가짐, 홀로 있을 줄 알고 스스로 생각하고 말하고 행동할 줄 아는 태도를 말한다. 고독의 부재가 외로움인 것이다. 외로움은 감정이고 고독은 존재방식이다. 외로움의 다른 이름은 의존감이고 고독의 다른 이름은 자존감이다."
– 박승오 · 홍승완, 『위대한 멈춤』

그런가? 외로움과 고독은 공존할 수 있는 개념이 아니다. 상호 보완적인 개념도 아니다. 서로 배척하는 개념이다. 외롭고 고독할 수는 없다는 말이다. 그러면 지금의 나는 외로운 건가? 아니면 고독한 건가?

Ussi's Photo.

▲ 어얼구나 습지공원

▲ 몽골의 산

노트를 한권 샀다. 짐이 늘었으니
뭔가를 버려야 한다. 결국 라면 2봉
을 버렸다. 생라면을 씹으며 견뎌야
하는 상황이 올까. 짐쌀때 마다
망설였었다. 결국 버리게 될걸 50일
동안 지니고 다닌 셈이다. 수이펀허에서
노트 절반을 찢어 버리지 말고 라면을
버렸어야 했다. 眼目이 없으니
답답하다. 揭諦 揭諦 波羅揭諦
波羅僧 揭諦 菩提 娑 婆訶.
2017. 6. 29일 黑山头. USSi.

자전거와
반야심경과
장자

흑산두에 방을 잡아 놓고 고성(古城)을 찾아 자전거를 타고 나왔다. 지도에는 약 10㎞ 거리에 분명 나와 있는데 아무것도 보이지 않는다. 지나는 차를 세워 물어보니 없다고 하고, 다시 주민에게 물으니 조금 더 가면 있다고 한다. 4㎞ 정도 가니 성터 비슷한 뭔가가 보이기는 하는데 들어서는 길도 못 찾겠고 해는 뜨겁고 물은 떨어지고 목은 타들어 간다. 거의 탈진해서 숙소로 돌아왔다. 불을 끄고 누워 창밖을 보니 밤하늘에 별이 총총하다.

6월 30일 | 자라이눠얼구(扎赉诺尔区), 148㎞

갈림길에 멈춰 서서 지도를 보고 있는데 오토바이 탄 아주머니가 옆에 서더니 "만주리아?" 해서 고개를 끄덕이니 오른쪽 길을 가리킨다. 쎼쎼~. 이후 90㎞를 가는 동안 나무 한 그루 보이지 않는다. 길은 구릉지대를 셀 수 없이 오르내리며 숨바꼭질한다. 앞에 어렴풋하게 보이던 것들이 뒤로 아스라이 사라진다. 지나온 길도, 지나야 할 길도 보이지 않는다. 오직 지금의 길이 있을 뿐이다.

오후 1시, 길에 서서 물을 마시고 있었다. 생수 4병을 챙겨 왔는데 1병 남았다. '40㎞는 더 가야 하는데…. 물이 더 필요한데….' 하고 생각하는 중이었다. 호리호리한 젊은이가 차에서 내려 다가온다. "어디 가는가?" 묻기에 만주리까지 간다고 하니 여기서 70공리(㎞) 떨어져 있단다. 생각했던 거리보다 30㎞가 늘어났다. 물이 필요하면 주겠다

▲ 만주리 가는 길

고 한다. 고맙다고 따라갔더니 자신의 차에 있던 생수 2병을 쥐여 준다. 거듭 고맙다고 했더니 "메이세(沒謝) 메이세" 하고 손을 내저으며 가 버린다. 천사가 나타나 물을 주고 홀연히 사라진 기분이다.

148㎞를 지난 길가에 작은 가게가 있었다. 물을 사서 마시며 혹 숙박이 가능한가 물으니 가능하다고 한다. 잠은 어디서 자는가 물으니 저만치 있는 게르를 가리킨다. 게르 내부는 생각보다 시원했다. 아래 15㎝ 정도가 트여 있어 여기로 바람이 통한다. 칭기즈칸 초상화도 걸려 있고 장식이 자연스럽다.

1~4. 게르 안 밖 풍경

누웠다가 깜빡 잠이 들었는데 저녁 먹으라는 기별이 왔다. 다 같이 먹는 줄 알았는데 손님인 내가 먼저 먹은 후 식구들은 나중에 먹는단다. 찬은 나물볶음 2가지에 두부고기볶음인데 모두 간이 맞고 맛있었다. 별을 보고 싶었다. 오늘은 날씨도 맑고 주변에 마을도 없다.

게르에 돌아와 다시 잠들었다가 추워서 깼더니 밤 12시가 넘었다. 옷을 껴입고 밖으로 나갔다. 칠흑같이 어두운데 하늘에는 별이 가득하고 은하수는 반구를 가로질러 뻗어 있다. 고개를 쳐들고 한참 올려다보았더니 목이 아프고 머리가 띵하다. 들어와 이불을 덮고 누웠다.

7월 1일 | 만저우리(滿洲里), 60㎞

오늘 아침 처음으로 뻐꾸기를 보았다. 생김새도 모르는데 숲에 숨어서 소리로 위안을 주던 새이다. '뻐꾹' 하는 소리에 놀라 옆을 보았는데 짧은 거리에 앉아 있던 새가 푸드덕 소리를 내며 낮고 길게 날아 수풀 속으로 사라졌다.

만주리시는 상상했던 모습과 많이 달랐다. 러시아풍 건물은 밝고 요란스럽다. 거리는 하루 종일 북적인다. 어둠이 내리면 건물마다 불을 밝혀 불야성을 이루고 취객들은 밤새도록 흥청거린다.

1. 만주리시의 밤
2. 송화단(松花蛋)
3. 만주리시 번화가
4. 아침식사

7월 2일 | 만저우리(满洲里)

아침에 버스터미널에 가서 국경을 넘어 자바이칼스크로 가는 버스 시간을 확인했다. '조찬(朝餐)'이라 쓰인 간판을 보고 들어가 땅콩죽, 만두, 지단을 먹고 구강진료소를 찾아 걷다가 사람들로 북적이는 곳으로 가니 시장이다. 꽤 큰 병원에 들어가 아과(牙科) 앞으로 가니 대기 환자들의 줄이 길다. 내일 일찍 오기로 하고 병원을 나와 여기저기 기웃거리다 버스를 타고 종점까지 갔다가 돌아온다.

숙소로 돌아오는데 자꾸 먹거리에 눈길이 간다. 어느새 손에는 지단과 자두, 쌀강정 과자 봉지가 들려 있다.

7월 3일 | 만저우리(满洲里)

아스팔트 위에 떨어져 죽어 있는
새를 자주 보다. 달리는 자동차와
충돌한듯 하다. 그렇게 빠르게 나는데
어째서 피하지 못했을까. 遷多.
한치 앞도 볼수없다. 菩提薩埵
依般若波羅蜜多 故心 無罣
碍無罣碍故 無有恐怖遠
離顛倒夢想究竟涅槃三世
諸佛依般若波羅蜜多故得
阿耨多羅三藐三菩提. 니싱佛
2017. 7. 3 일 만주리.

아침은 어제의 '조찬' 집을 찾아 이것저것 늘어놓고 먹는다. 다 만족스런 맛이다. 특별히 땅콩죽이 좋다. 진득한데 자극적이지 않고 수수하다. 만주리역을 넘어 구시가지에 가 보았다. 건물도 거리 분위기도 사람들 차림새도 상상했던 모습과 닮았다. 병원 아과(牙科)에 갔다. 순번표를 받고 치료대에 누우니 별말도 없이 원하는 치료를 해 준다.

내일 러시아로 들어간다. 옴마니팟메훔(唵嘛呢叭咪吽), 온 우주에 충만한 지혜와 자비가 지상의 모든 존재에게 그대로 실현될지어다.

▲ 반야심경(般若心經), 두 가지 색 잉크로 썼다. 마음이 편해졌다. 신기하다.

"다른 사람의 행동이
그 사람의 내면이 아니라
바로 '나'라는 상황 때문에 기인한다는 깨달음,
그것이 지혜와 인격의 핵심이다."

– 최인철, 『프레임』

PART 04
—
다시 러시아

자바이칼스크 → 치타 → 울란우데 → 이르쿠츠크

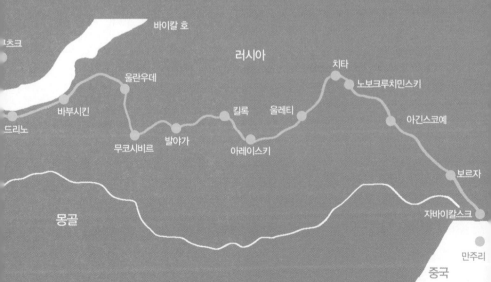

바이칼 호

러시아

치타

울란우데   노보크루치민스키

ㅏ츠크

바부시킨   아긴스코예

드리노   킬록   울레티

                  무코시비르   발야가   아레이스키

                                                                            보르자

몽골   자바이칼스크

                                                                            만주리

                                                                      중국

2017. 7. 16 ЧИТА.

ЧИТА시 외곽 성소 입구. 십자가 안의 문구로 '네 자신을 구원하라' 라는 뜻이라고
한다. 어느 여행작가의 블로그에서 보고 꼭 가보고 싶었다. 찾기가 쉽지 않았다. 성당수녀님
이 적어준 주소를 들고 택시를 탔다. 잠언 6장 5절 '노루가 사냥꾼의 손에서 벗어나는 것같이
새가 그물치는 자의 손에서 벗어나는 것같이 스스로를 구원하라.' 救援. 어떤 것에서
구출되고 벗어나는 것. 종교적 의미를 떠나 자유의 개념으로 받아들이고 싶다. 자유에
대한 로자 룩셈부르크의 정의, '다르게 생각하는 사람의 자유를 인정하는 것만이 진정한
자유이다.' ussi.

7월 4일 | 자바이칼스크(Zabaikalsk)

아침 일찍 터미널로 갔다. 한참 기다려 표를 사고 또 한참 기다리니 버스가 왔다. 자전거는 로프를 이용해 버스 지붕 위에 실었다. 20분쯤 가니 국경이다. 중국국경경비대, 출국심사, 중국세관검사, 러시아 입국심사, 러시아세관 통과… 여기까지 4시간 정도 걸렸다. 이제 끝난 건가? 자전거를 다시 버스 지붕 위에 싣고 승차한다. 그런데 버스가 조금 이동해서 정차한다. 제복 입은 여성이 버스에 올라 내 여권을 가져간다. '이건 또 뭐지?' 생각하는데 기사가 "루블" 하기에 돈을 내밀었더니 300루블을 세어 간다. 따라 내리자 영수증을 끊어 주고 자전거를 내려 준다. 입국 비용인가 보다. 휴~ 이제 국경을 넘어 러시아다.

자전거를 타고 3㎞ 정도 가니 자바이칼스크 시내다. 그냥 국경을 넘었을 뿐인데 모든 게 낯설고 어색하다. 여관을 찾는 게 일이다. 이 사람은 저리 가라 하고, 또 저 사람은 이리 가면 있다고 한다. 문 앞에 와서도 여기가 맞는지 도통 알 수가 없다. 이중문을 열고 들어가니 사람이 보인다. 마트에 갔다 오는 길에 유심을 샀다. 느리기는 하지만 인터넷이 된다. 진작 살 걸 그랬다. 방에는 에어컨이 없고 창문에는 방충망이 없다. 더우니 창문은 열어야 한다. 밤새 파리 모기에 시달렸다.

7월 5일 | 보르자(Borzya), 110㎞

해가 뜨겁다. 땀은 비 오듯 하고 계속 물을 마셔댄다. 80㎞ 지점에서 물이 떨어졌다. 생수 3병을 다 마셔 버렸다. 물이 없다는 사실 자체가 더 갈증을 일으킨다. 목마름도 관념인가?

마을로 들어갔다. 러시아말로 가게를 '마가진'이라고 한다. 꼬마 둘이 놀고 있다. "마가진! 마가진!" 했더니 "마가진?" 하고 손으로 한 집을 가리킨다. 러시아의 가게들은 창이 없어 내부가 보이지 않고 간판은 있지만 작고, 문은 이중문이다. 찾기 어렵다.

오후 2시, 보르자에 도착했다. 길가에 'Motel'이 있다. 창이 없는 방은 답답하고, 창이 있고 화장실이 딸린 방은 비싸다. 6인실 도미토리에서 자기로 했다. 자전거를 창고에 넣고 나와 음식점을 찾아 이곳저곳 기웃거렸으나 결국 못 찾았다. 모텔 주인의 안내로 옆 건물 빵가게로 갔다. 오믈렛과 커피를 시켰다. 오믈렛은 시시했으나 커피는 놀랄 만한 맛이었다. 해가 지면 할 일이 없다. 누워서 지도를 보다가 잠들었다.

7월 6일 | 야스나야(Yasnaya), 74㎞

아침 일찍 나와 페달을 힘주어 밟았다. 초원에는 소, 말, 양 등 가축이 가끔씩 보이지만 그냥 있는 그대로 비어 있다. "만물은 각자 스스로 저 자리에 있네! 고상하거나 미개한 모습으로…(萬象各自在 刹刹及塵塵, 秋史 詩 水落山寺, 로석 譯)"

햇빛에 드러난 팔, 뒷목, 다리 부분이 빨갛게 달아올라 후끈거린다. 왼쪽 팔뚝에 'Я ищу гостиницу'라고 펜으로 큼직하게 썼다. '여관을 찾고 있어요'라는 뜻이다. 야스나야(Yasnaya)에 도착해서 만난 노인에게 팔뚝에 쓴 것을 보여 주었다. 한 건물을 가리킨다. 방은 감옥 같다. 스프링침대, 탁자 위에 접시, 접시 위에 나이프와 스푼, 이 빠지고 때가 낀 컵, 뚜껑 없는 전기주전자, 못질 된 창문, 창문 옆 환기구.

세면대에서 어렵게 머리를 감고, 수건을 적셔 몸을 닦았다. 방 안은 덥고 답답하다. 목덜미에 땀이 흥건하다. 전등을 켜니 백열전구가 뿜어대는 열기가 무섭다. 불을 끄고 자리에 누웠다.

▲ 시베리아 초원

7월 7일 | 올로비얀나야(Olovyannaya), 51㎞

　언덕을 오르는데 빗방울이 떨어지기 시작하더니 점점 제법 굵어진다. 거의 3시간 동안 비를 맞았더니 춥다. 옷을 껴입었다.

　올로비얀나야에 들어와서 팔뚝에 쓴 글씨를 보여 주며 여관 위치를 물었더니, 한 아주머니가 여관 앞까지 데려다주었다. 방 하나에는 침대 두 개, 다른 방에는 침대 네 개가 놓여 있다. 주인 할머니는 내가 알아듣건 말건 한참 잔소리를 하시더니 문단속 잘하라며 열쇠를 주고 갔다.

▲ 도로변 나팔꽃

7월 8일 | 올로비얀나야(Olovyannaya)

비가 많이 온다. 무료한 하루다. 반야심경을 읽고, 누웠다 일어났다, 나갔다 들어왔다 하며 보냈다. 저녁에 그림을 한 장 그렸다. 그리는 동안에는 다른 어떤 것도 생각하지 않고 몰두하게 된다. 행위 자체가 일종의 수양이다.

2017년 6월 30일 흑하두외쪽에서 망주리 인근 까지 중국-러시아 국경을 따라 120키로를 주행했었다. 국경이라야 호경의 철조망이 전부이라. 국경을 무단으로 넘으면 처벌 받는다는 경고탑이 간혹 있을 뿐이다. 철조망을 드나드는 흔적도 국경을 감시 하는 단 한명의 군인도 단 한채의 초소도 없었다. 서로 방목 하며 대치 하고 있는 우리의 상황을 생각하니 머릿속이 어슬선 하다. 각자의 방식을 서로 인정하며 살아가는 건이 그토록 힘든 일인가? 2017. 7. 8일 러시아. 올로바얀나야 에서 Ussi.

7월 9일 | 아긴스코예(Aginskoye), 100㎞

시베리아의 초원은 몽골의 초원과 느낌이 다르다. 몽골의 초원은 막연하게 빈 느낌이었는데, 시베리아의 초원은 비었지만 차 있는 듯하고 종교적이기까지 하다. 산도 간혹 보이고 풍요로운데 가축이나 사람은 거의 보이지 않는 무인지경이다. 빗방울도 떨어지고 바람도 세게 부는 바람에 마지막 10㎞가 힘들었다.

찾아간 여관은 잠겨 있다. 마침 옆에 있던 사내가 더 저렴한 여관을 알려 줄 테니 따라오라고 한다. 그의 승용차를 따라갔다. 여관은 동네 한적한 곳에 있었다. 깨끗하고 친절하다. 여관에 딸린 식당에서 스프를 주문했다. 감자가 듬뿍 든 스프는 담백하고 맛있다.

7월 10일 | 아긴스코예(Aginskoye)

새벽에 일어나 차를 우려 놓고 반야심경강의를 읽는다. "모든 고(苦)의 원인은 욕(欲)"이라고 한다. 그림을 한 장 그리고 글을 적었다. 다시 읽어 보니 글씨는 모르겠으나 글에는 감정의 과잉이 보인다. 어떤 욕(欲)이 있는 걸까?

시베리아 초원의 묘. 삶이 버거웠으라면 죽음은 감미로웠을까? 죽은 자를 위로함 인데 죽은자가 산자를 위로 하네. 1차대전중 캐나다 군의관 존 맥크래 는 친구 출빌 묻위가 전사 한후 한편의 시를 썼다. 가운데 연이 장엄하다. "We are the dead. Short days ago. We lived, felt dawn, saw sunset glow, Loved, and were loved and now we lie. Im Flanders fields. 우리는 이제 죽은자들. 며칠전만 해도 살아서 새벽을 느꼈고 지는 해를 바라 보았네. 누군가를 사랑하고 누군가의 사랑을 받기도 했지만. 지금 우리는 플랜더즈 들판에 이렇게 누워있네" 죽은자를 위로하기 위한 시이지반 가슴을 베이는 것은 살아 남은 자들이라. 2017.7.10 아긴스코예 Aгинское Ussi.

오전에 보아 둔 나무다리를 건너갔다가 혁명전사비가 있는 언덕 위로 올라갔다. 시가지가 한눈에 들어온다. 옛 백제를 일컬어 "검소하나 누추하지 않고, 화려하나 번쩍거리지 않는다(儉而不陋 華而不光, 삼국사기)."라고 했는데 이곳이 그렇다. 도시는 화려하고 세련될 순 있으나 아름다울 순 없다고 생각했는데 이 도시는 아름답다.

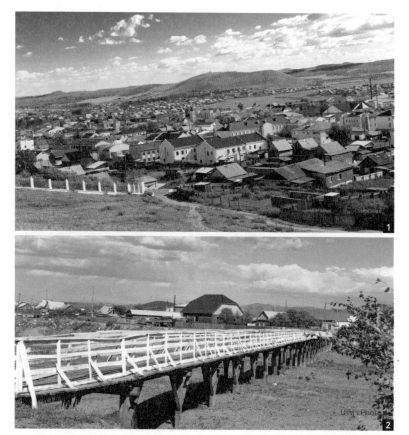

1~2. 아긴스코예, 아담하고 조용하고 단절된 느낌이 좋아 몇 개월쯤 눌러앉아 쉬고 싶었던 곳

자전거와
반야심경과
장자

7월 11일 | 노보크루신스키(Novokruchininskiy), 120㎞

앞으로 나가기가 벅찰 정도로 맞바람이 세다. 좀 가면 약해지거나 방향이 바뀌겠지 생각했지만 끝까지 약해지지도 바뀌지도 않았다. 85㎞ 지점 드라순(Drasun), 강을 끼고 있는, 휴양지 같은 느낌의 마을이었지만 여관이나 호텔은 없었다. 젊은이들이 25㎞ 더 가면 노보크루신스키(Novokruchininskiy)인데 거기 가면 있을 거라고 했지만 그곳에도 여관은 없었다. 야영을 해야 한다. 고개 정상에 있는 카페에서 스프와 다진 고기를 뭉쳐 익힌 것을 먹고 마트에서 먹거리를 샀다. 10㎞ 정도 가니 경관이 좋고 한적한 장소가 있어 텐트를 쳤다. 소나무 사이로 굽이쳐 흐르는 강이 보인다. 포크 가수 존 바에즈의 「The rivers in the pines」과 꼭 어울리는 장소다.

▲ 첫 야영

"하지만 과일로 술을 담그는 가을이 되자, 찰리는 '나는 돌아올 거야, 내 사랑'이라는 말을 남기고 소나무들 사이를 흐르는 이 강을 떠나갔죠(But early in the autumn When the fruit is in the wine, I'll return to you, my darling From the river in the pines.)."

－ 존 바에즈(Joan Baez), 「The rivers in the pines」

7월 12일 | 치타(Chita), 38㎞

추워서 밤새 뒤척이다 새벽에 나와 보니 달이 좋다. 치타까지는 38㎞, 길은 오르막과 내리막의 연속이다. 땀을 흘리며 오르막길을 오르고 있는데 맞은편에서 오던 라이더가 내 앞에 멈춰 섰다. 영어가 유창하다.

내가 바이칼까지 간다고 하자, 그는 꼭 들러야 할 한 곳과 절대 들르지 말아야 할 두 곳을 알려 주었다. 한 곳은 아레이스코예(Areyskoye) 호수이고, 두 곳은 힐로크(Khilok)와 X(잊었음)인데 특히 힐로크는 위험한 곳이니 절대 들어가지 말라고 일러 주었다. 그는 더워도 헬멧은 꼭 쓰라는 당부의 말을 남기고 출발했다. 고마웠다.

▼ 러시아인 라이더와

12시 전에 예약한 숙소 Dekabrist, Gostinitsa에 도착했다. 체크인을 하고 좀 쉬었다가 걸어서 시내로 나갔다. 치통이 다시 심해졌다. 내일 치과에 가 볼 생각이다.

7월 13일 | 치타(Chita)

숙소 가까운 곳에 역사박물관이 있었다. 입구에 들어서고 나서도 여기가 박물관이 맞나 싶을 정도로 내부가 어둡고 괴괴하다. 학예사로 보이는 분이 나와 전등을 켜 주었다. 자신의 이름은 '게나(Gena)'라고 하기에 내 이름은 '류'라고 말해 주었다. 글을 모르니 둘러보는데 시간이 걸리지 않는다. 근처에 다른 박물관은 없는가 물었더니 아예 문을 잠그고 따라 나와 한참을 걸어서 자연사박물관 입구까지 데려다 주었다. 고맙기도 하고 미안하기도 하다.

치과가 있어 들어갔다. 젊은 의사다. 나는 한국인이고 어금니가 아파 중국에서 4번 치료 받았다고 했다. 그는 구글 번역기를 이용, 특정 이를 건드리며 치료 방식이나 보철물의 재료 등등 별별 것들을 물었다. "왜 집을 떠나왔는가?"라고 물었을 때는 웃음이 터져 나왔다.

마취하고 파낸 부분을 다시 때우는 데 두 시간이나 걸렸다. 치료비를 항목별로 계산해 보니 7,500루블이 나왔다. 여행 중이라 넉넉하지 못하니 깎아 달라고 했다. 항목 몇 개를 빼니 5,100루블이 나왔다. 치료가 제대로 되었다면 비용이 문제는 아니다. 근심거리 하나가 사라졌다. 홀가분하다.

초원의 나팔꽃 크기도 귀도
감고 올라가는 기능도 다 버렸다.
위를 향하지 않고 바닥에 바짝 붙어서 옆으로 잎을 벌렸다.
오직 살아있음을 위하여. 생각도 먹는것도 있는것도 삶의
혜두려도 작게 또는 작게 세상의 귀퉁이에 납작 붙어서
누구의 시선도 의식하지 않고 살아보고 싶다. 2017. 7. 13일
치타니ITa. Ussi.

7월 14일 | 치타(Chita)

아침에 박물관 학예사 게나의 얼굴을 그렸다. 어제 그가 보여 준 호의가 계속 생각났기 때문이다. 사람의 얼굴을 그리는 일은 어렵다. 닮게 그려야 하기 때문이다. 어제 같이 찍은 사진을 보고 집중해서 그렸다. 만족스럽지는 않았으나 얕아 보이지는 않았다.

11시, 문 여는 시간에 맞추어 박물관에 갔다. 전시실 문은 잠겨 있었다. 다른 방의 직원에게 그림을 보여 주니 바로 전화해서 불러주었다. 잠시 후 그가 왔다. 그는 "류~!" 하고 내 이름을 불러 주었다. 조금 미안했다. 나는 그의 이름을 잊고 있었기 때문이다. 그림을 보여주며 이름을 써 달라고 했더니 안으로 들어가서 테이블에 앉았다. 곰

곰 생각하더니 꽤 긴 글을 써 주었다. 읽을 수는 없지만 좋은 말일 것이다. 포옹하고 박물관을 나왔다. 그는 입구까지 따라 나왔다. 좀 더 긴 인연으로 만났다면 좋은 친구가 되었을 것이다.

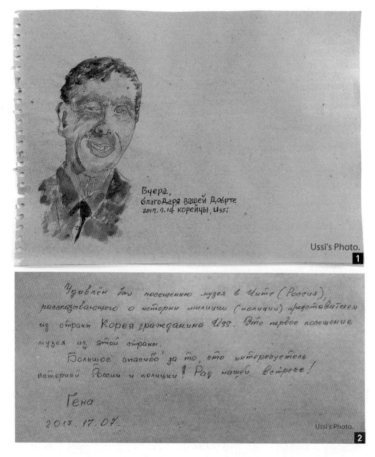

1. 게나(Gena)에게 그려 준 그림
2. 게나가 써 준 글

치타역 광장 근처로 숙소를 옮겼다. 체크인 시간이 두 시간이나 남았지만 자전거를 보더니 별말 없이 곧바로 방 열쇠를 주었다. 오후에 러시아 정교회 사원, 교회박물관 등 이곳저곳을 돌아다녔다.

7월 15일 | 치타(Chita)

어떤 이의 블로그에서 본 조그만 성소를 찾아다니느라 하루를 꼬박 바쳤다. 아침에 호텔 직원이 알려 준 곳에는 아주 유사한 성소가 있었고, 다시 택시를 타고 도착한 곳은 전망대였는데 물론 여기에도 유사한 성소가 있긴 있었다. 현대미술관에 가서 직원에게 사진을 보이며 아느냐 물으니 직원 중에도 아는 이가 없다. 역 광장에 있는 미카엘 성당에 가서 물으니 수녀님이 위치를 자세하게 적어 주었다.

수녀님이 적어 준 메모를 들고 택시를 탔다. 그리 멀지는 않았지만 외진 곳에 있었다. 성소 입구의 십자가에 글이 쓰여 있었다. '너 자신을 구원하라'라는 뜻이라고 한다.

7월 16일 | 치타(Chita)

다시 숙소를 옮겼다. 레닌 광장이 훤히 내려다보인다. 적어도 러시아에서는 "레닌은 살았으며, 레닌은 살아 있으며, 레닌은 살아 있으리라! Ленин − жил, Ленин − жив, Ленин − будет жить!"라는 말은 맞다. 치타에서만 10개 이상의 레닌상을 본 것 같다. 그런데 '마르크스−레닌주의'라 하면서 왜 마르크스의 동상은 드물지? 마르크스

가 유대인이라서 차별하는 건가? "국가가 있는 한 자유는 있을 수 없으며, 자유가 있는 한 국가는 있을 수 없다(레닌 1870~1924)" 무슨 말인지 알겠다. 그럼 '자유민주주의국가'는 뭐지? 사기인가?

7월 17일 | 울레티(Ulety), 110㎞

한 장의 사진이 있다. 우연히 인터넷에서 발견했다. 짐을 잔뜩 매단, 바퀴도 작고, 기어도 없는 자전거가 이정표에 기대어 있다. 촬영 장소도 날짜도 알 수 없다. 사진 속에는 고독과 애수, 고단함과 굳셈, 한숨과 탄성 등 무수한 감정이 담겨 있다. 이정표에는 '카불까지 1,000㎞'라고 쓰여 있다.

1. 로망이었던 사진
2. 이르쿠츠크까지 1051 km, 이정표

자전거와
반야심경과
장자

1,000㎞라니···. 내가 사는 땅에서는 볼 수 없는 숫자이다. 사진 속의 세계는 로망이 되었다. "꿈꾼다는 것은 그것을 믿는 것이다(미상)". 치타를 출발했다. 40㎞를 가니 갈림길이 나왔다. 이정표가 있다. 이르쿠츠크 1,051㎞. 좀 놀라고 흥분되었다. 나는 지금 자전거로 이르쿠츠크로 가고 있다. 꿈꾸던 세계에 발을 디딘 것이다.

친구 L은 돌연 농사를 짓겠다고 시골로 내려갔다. L이 사는 시골 동네를 드나들면서 P를 알게 되었다. P는 읍에서 작은 옷가게를 하고 있었다. P의 행보는 업종을 넘나들며 여기에서 저기로 조금씩 커지더니 경북 함창에 '버스정거장'이라는 멋진 카페를 열었다. 언젠가 P의 카페에 갔더니 카페를 소개하는 글이 잡지에 실려 있었다. 기사의 타이틀이 "살아서 사라지는 꿈"이다. P는 지금 단계에서 가능한 꿈을 꾸고 실현한다. 그래서 살아가면 꿈은 다음 꿈에게 자리를 내주고 사라진다.

> *"여기 우리 중에 많은 이들이 느끼고 있지, 삶은 하나의 농담에 지나지 않는다는 것을(there are many here among us who feel that life is but a joke)···."*
> – 밥 딜런, 「All along the watchtower」

"살아서 사라지는 꿈"이라니···. 정말 삶은 하나의 농담에 지나지

46km From ЧИТА.Rus.
17th.Jul.2017. A meaningful place for Ussi.

않는 것인지도 모른다.

　폭우를 만나 비를 흠뻑 맞았다. 울레티(Ulety)로 들어가는 입구, 주
유소 뒤에 허술한 여관이 있었다. 장거리 운전자들이 자고 가는 곳인
것 같다. 침대 4개가 놓인 방에 들어갔다. 주인은 문단속 잘하라고 거
듭 주의를 주었다. 낮이 길다. 밤 9시가 넘어야 해가 진다.

7월 18일 | 아레이스코예(Areyskoye) 호수, 105㎞

　맞바람이 세다. 힘은 곱으로 드는데 거리는 좀처럼 줄지 않는다.
짜증이 났다. 아~! 그런데 이게 짜증 낼 일인가?

　아레이스코예(Areyskoye) 호수를 10㎞ 앞두고 완만하고 긴 고개를 오

▲ 아레이스코예(Areyskoye) 호수

르고 있었다. 파리벌이 나타났다. 중국 대흥안령산맥에서 보았던 그
놈들과 닮았다. 아니, 어디서? 왜? 갑자기 이놈들이…. 고개를 넘고
사잇길로 들어가니 야영장을 지나 호수가 보였다. 멋지고 아름답다.
호수 건너편에 방갈로인 듯한 건물들이 보였다. 호숫가로 난 오솔길
을 따라 가는데 오른쪽 손등이 따가워 보니 벌이 장갑 위로 손등을 쏘
고 있다. 왼손으로 쳐냈으나 장갑 위로 피가 묻어 나왔다.

　방갈로촌에는 빈방도, 야영할 만한 장소도 없었다. 다시 한참을 돌
아 야영장으로 왔다. 숲속에 텐트를 치고 일찌감치 텐트에 들어가 누
웠다. 벌에 쏘인 손등이 후끈거리고 많이 부어올랐다.

7월 19일 | 힐로크(Khilok), 95㎞

새벽에 일어나 밖에 나와 보니 호수 주변이 온통 붉다. 얼른 카메라를 들고 호수로 내려갔다. 좀 놀랐다. 수면에서는 물안개가 피어오르고 소름이 돋을 정도로 붉은빛이 호수를 꽉 채우고 있었다. 서둘러 사진을 몇 장 찍었다. 황홀한 20분이었다. 손이 시릴 정도로 춥다.

이제 35㎞만 가면 힐로크, 치타에 도착하는 날 길에서 만난 러시아 친구가 절대 들어가지 말라고 당부한 그곳이다. 자전거를 멈추지도 말고, 누가 말을 걸어와도 대답하지 말고 통과하라고 당부한 곳이다. 왜 위험한지 잘 알아듣지는 못했지만 그 친구는 목을 긋는 시늉까지 했었다. 고마웠지만 화두가 생겼다. 그냥 도망치듯이 통과하면 그

▼ 새벽, 아레이스코예(Areyskoye) 호수

Ussi's P

만이지만 그건 좀 아닌 것 같았다. 곰곰이 생각해 보았다. 대체 위험 지역이란 게 뭐지? 질 나쁜 사람들이 모여 사는 곳인가? 무법지대인가? 그런 곳이 있을 수 있을까? 만일 여길 내빼듯이 지나쳐 버린다면 뒷날 어딘가 한구석이 개운치 않을 거란 생각이 들었다.

크리스나무르티는 "두려움은 피해야 할 대상이 아니라 이해해야 할 대상이다."라고 말했다. 세스 고딘은 『이카루스 이야기』라는 책에서 "용기란 자신이 생각하는 바를 말로 표현하고, 그러한 생각을 지키려는 의지를 뜻한다. 냉장고를 여는 데는 용기가 필요 없다. 아무런 위험이 없기 때문이다."라고 썼다. "다른 사람의 행동이 그 사람의 내면이 아니라 바로 '나'라는 상황 때문에 기인한다는 깨달음, 그것이 지혜와 인격의 핵심이다(최인철, 『프레임』)." 그렇다, 생각은 공포를 키울 뿐이고 두려움은 마음속에 있는 것이다.

힐로크는 굽이치는 강을 끼고 있었고, 목재를 가득 실은 열차가 정차 중이라 역에서는 산뜻하고 시큼한 나무의 냄새가 났다. 여느 마을과 다르지 않았다. 숙소까지 가는 동안 술 취한 사람 둘을 보았는데, 한 사람은 비틀거리며 헛소리를 해서 피했고, 한 사람은 손가락질을 하며 '닛뽄(日本)'어쩌고 하는데 그러려니 하고 지나쳤다. 일본은 왜 이곳저곳에서 욕을 먹을까?

숙소 Gestina Viola는 마을 끝 언덕 위에 있었다. 해가 많이 남아 옷을 빨았다. 슈퍼에서 먹을 걸 잔뜩 샀다. 체력 소모가 많아서인가? 자꾸 먹거리에 집착한다.

7월 20일 | 힐로크(Kihlok)

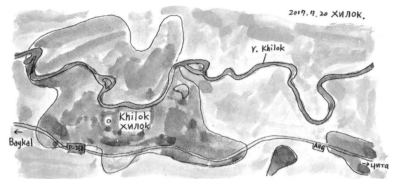

2017. 7. 20 ХИЛОК.

7월 12일 아침 주행중에 만난 러시아 친구는 내가 바이칼까지 간다고 하자, 꼭 들러야 할 한곳과 절대 들르지 말아야할 두곳을 강조해서 알려주었다. 한 곳은 Aveiskye 호수이고 두 곳은 Khilok 라 X(잊었음) 인데 특히 Khilok은 자전거를 멈추지도 말고 누가 말을 걸어도 응하지 말고 통과하라고 알려주었다. 고마웠다. 그런데 그날 저녁부터 화두가 생겼다. 그냥 달아나듯이 지나쳐 버리면 그만이지만 이것은 여행의 성격을 규정짓는 문제 같았다. 러시아 친구는 목숨 걸는 시늉까지 하면서 심각한 상황이 생길수 있다고 했다. 사건은 상충하는 듯 당사자의 이해 관계가 맞지않을 때 발발한다. 나는 그런 이해 관계가 없다. 어제 Khilok 에 왔다. 마을은 평화롭고 사람들은 친절하다. 그 어떤 불편한 흐름도 느낄수 없다. Ussi.

어쩐지 몸이 찌뿌둥하다. 하루 더 쉬기로 했다. 지역 박물관이 있다기에 찾아가 보았으나 잠겨 있다. 특별히 갈 곳도 없고 할 일도 없는 나른한 하루다. 반야심경을 들춰 보지만 어쩐지 맹숭하다.

7월 21일 | 발야가(Balyaga), 124㎞

아침에 하늘을 보니 구름이 잔뜩 끼었다. 심란하다. 맞바람이 세다. 오후 4시, 주행거리 124㎞, 카페가 보였다. 큰 마을인 페트롭스크자바이칼스키(Petrovsk-Zabaykalsky)는 20㎞ 이상 더 가야 한다. 이쯤에서 야영을 하는 게 낫겠다고 생각하고 카페에 들어가 보르시(러시아

자전거와
반야심경과
장자

수프)와 빵을 주문했다.

계산을 하면서 "이 근처에 여관은 없나요?" 하고 물었더니 웃으며 따라오라고 손짓을 한다. 카페 뒷문을 열고 나가니 마당이 있고 건너편에 기다란 오두막이 있다. 두 개의 방에는 침대 두 개가 놓여 있다. 건물은 허술하고 화장실과 샤워시설도 떨어져 있었지만 방은 조용하고 푸근했다. 맥주를 한 잔 마시고 누웠다. 이상하게 잠자리가 편하다.

7월 22일 | 무코르쉬비르(Mukhorshibir), 107㎞

편하게 잘 때문인지 이불 속에서 나오기 싫었다. 길은 하루 종일 오르락내리락을 반복하고 바람은 미친 듯이 앞에서 불어댄다. 풍경이고 뭐고 눈에 들어오지 않는다. 귀를 파고드는 바람 소리에 머리가 아플 지경이다.

구글지도에 나와 있는 Lyuks라는 여관을 찾아갔다. 여관은 얼마 동안 손님이 없었는지 냄새도 나고 방도 어수선하다. 젊은 관리인은 묻고 싶은 것이 많다. 우리 둘은 핸드폰을 꺼내 들고 번역기를 이용해 한참이나 시시콜콜한 대화를 나눴다.

옆방에 경찰 복장의 동양인 젊은이 둘이 들었다. 내가 몽골리안이냐고 물으니, 자신은 부랴트인이며 이곳은 부랴티야공화국이라고 한다. 자신의 누이가 한국에 가 있다고 사진을 보여 주는데 아마도 부산인 것 같다. 울란우데까지는 120㎞ 남았다. 구글지형도를 보니, 40㎞ 분지를 지나면 다음 40㎞는 산지, 다음 40㎞는 강을 따라간다.

7월 23일 | 울란우데(Ulan-Ude), 120㎞

일찍 숙소를 나왔다. 우리에서 나온 한 무리의 말들이 길을 막고 있다. 몰이꾼도 없는데 알아서 초지로 나가는 것 같다. 바람도 없고, 길도 좋고, 경치도 호쾌하고, 덩달아 기분도 좋았다. 마을 사람들이 길에 내놓고 파는 꿀을 한 병 샀다. 무게가 부담스러웠지만 달콤한 욕망이 무게를 눌렀다.

찾는 데 좀 힘들기는 했지만 숙소도 만족스럽다. 세계 최대 크기라는 레닌 두상을 빨리 보고 싶었다. 실제로 본 두상은 크긴 했지만 생각했던 만큼은 크지 않았다. 울란우데는 '붉은 강'이라는 뜻이다. 도시가 고상하고 고급스럽다.

▼ 지름 약 40㎞ 분지

Ussi's P

1. 울란우데 가는 길
2. 셀렝가 강. 강물은 울란우데를 지나 바이칼호로 흘러들어간다.

1. 울란우데, 혁명기념비가 있는 광장
2. 혁명기념비 동판 한글

7월 24일 | 울란우데(Ulan-Ude)

울란우데에 12개의 박물관이 있다. 하루 종일 박물관을 찾아 돌아다녔다. 월요일이라 휴관인 곳이 많았다. 역사박물관에 갔더니 역시 휴관이다. 관리인이 스키타이인이냐고 묻는다. 머리는 어수선하고 얼굴은 검게 탔고, 콧수염은 깎은 채 턱수염은 남겼으니 지금 내 모습이 조금 낯설기는 하다. 웃고 말았지만 기분이 나쁘진 않았다. 그런 옛 민족이 어디에 있기는 한 걸까?

7월 25일 | 울란우데(Ulan-Ude)

아침 일찍 린포체 바그샤 사원(Datsan Rinpoche Bagsha)을 찾아갔다. 러시아에서 가장 큰 불교사원이라고 한다. 도시 외곽 언덕 위에 있어 땀을 뻘뻘 흘리며 올라갔다. 규모는 크지만 최근에 지어진 사원이다.

▲ 린포체 바그샤 사원(Datsan Rinpoche Bagsha)

입구 주차장에는 중국인 순례객들의 캠핑카가 가득하다. 치타에서 라마교 사원을 가 본 후 별 기대는 하지 않았는데 역시 별 느낌이 없다. 날씨만 맑았다면 내려다보는 경관은 볼만했을 거라는 생각을 하며 내려왔다.

오후에 브리야티 역사박물관과 현대미술관을 관람했다. 하루 종일 비가 오락가락한다.

7월 26일 | 셀레진스크(Selenginsk), 96㎞

시 외곽 교차로, P258번 도로의 진입로 근처에서 길을 놓쳤다. 지도를 보며 방향을 찾고 있는데 경찰차가 옆에 와 섰다. "두다?(어디로

가느냐?)” 하고 묻는다. 우물쭈물했더니, “바이칼?” 한다. 고개를 끄덕
였더니 경찰차를 따라오라고 한다. 300m 정도 에스코트해 주고 돌아
가며 잘 가라고 손을 크게 흔든다.

12시 조금 넘어 셀레진스크(Selenginsk)에 도착했다. 주유소에 딸린
작은 가게에 들어가 근처에 여관이 있는지 물었다. 두 군데나 있다고
위치를 자세히 알려 주었다. 오후에는 한가하게 쉴 수 있겠다는 생각
을 하면서 한 곳을 찾아갔다. 아파트 한쪽 벽면에 ‘Mini Hotel’이라고
쓰여 있었다. 출입문을 두드렸다. 아무 기척이 없다. 200미터 정도
떨어진 다른 한 곳을 찾아갔다. 2층 건물이다. 방이 있는가 물으니 방
이 없단다. 방이 없다? 관광지도 아닌 촌구석인 듯한데 방이 없다고?
종업원은 Mini Hotel에 가 보라고, 잠겨 있으면 문을 두드리라고 알
려 준다.

다시 Mini Hotel에 와서 문을 두드렸다. 역시 아무 기척이 없다. 기
다렸다. 시간은 무료하고 더디게 흘러간다. 그런데 4시 반이 지나 5
시가 되어도 사람이 오지 않는다.

그때였다. 옆 건물에서 나와 승용차 시동을 거는 여성이 보였다.
호텔 연락처를 보여 주며 통화를 부탁했다. 통화는 되었는데 사정이
생겨 오늘 휴업한다고 한다. 그러면 야영을 해야 하는데 그러려면 적
당한 장소도 찾아야 하고, 당연히 씻지도 못하고, 해가 지려면 아직
멀었는데 어디서 시간을 보내나 등등을 생각하니 한숨이 푹푹 나온
다. 한숨 소리가 너무 컸는지, 돌아가던 여성이 다시 와서 “원한다면

도와드릴 수 있어요(I can help you, If you want)." 한다. "I want." 내가 말했다. 그녀는 차를 천천히 몰 테니 자전거를 타고 따라오라고 한다. 자동차를 주차장에 세우더니, 돈은 받지 않겠다, 자신이 사는 아파트로 가는데 불편하면 지금이라도 다른 방도를 찾으라고 한다. 사실 다른 방도가 없다. 그녀의 이름은 가챠(Gatya), 아파트 2층에 살고 있었다. 가챠는 이곳이 자신의 고향이고 남편은 미국인인데 출장 중이고 아들이 하나 있는데 학교 때문에 이르쿠츠크에 있는 어머니 집에 있다고 한다. 본명은 예카테리나인데 사람들은 가챠라 부른다 했다. 일주일에 3일은 작은 회사에 나가 컴퓨터 관련 일을 하고 나머지 3일은 산불진화 소방수로 자원봉사활동을 한다. 이 지역 일대는 지열에 의한 자연발화가 자주 일어나는 것이 큰 문제라고 한다.

가챠는 집에 들어서자 땀을 뻘뻘 흘리며 청소를 하고, 스파게티를 삶고 식탁을 차린다. 나는 밖에 나가서 와인 한 병과 맥주 2캔을 사들고 왔다. 그럴 필요 없다고 해도 손님이니 소파 위에 새로 빨아 놓은 시트를 깔아 주었다. 와인을 서너 잔 마셨더니 취기가 올라 나른하다. 가챠가 오래도록 남편과 아들과 어머니와 통화를 하는 듯하더니 딸깍 방문 거는 소리가 들렸다. 나도 소파에 누웠다.

스무 살 때던가, 『리더스다이제스트』라는 잡지에서 본 글이 생각났다. 찰톤 헤스톤이 무명 배우이던 시절, 같이 영화를 찍던 선배 여배우로부터 침실로 오라는 전갈을 받았다. 침실로 가면서 머릿속은 복잡하고 몸은 긴장했다. 침실로 들어가니 선배 여배우가 치마를 걷고

퍼렇게 멍든 허벅지를 내보이며, 아까 넘어지는 장면에서 너무 세게 밀치는 바람에 이렇게 되었다며 너는 좋은 배우가 될 거라고 말했는데 그 말을 듣는 순간 맥이 탁 풀렸다고 한다. 사실 딸깍 방문 거는 소리에 나도 맥이 탁 풀렸다.

7월 27일 | 바부시킨(Babushkin), 83㎞

5시에 일어나 간단히 세수만 하고 조용히 짐을 챙기는데 가챠가 주방에서 부른다. 오믈렛을 만들었는데 맛도 모양도 훌륭했다. 중국에서 산 염주 팔찌를 손목에 걸어주고 연락처를 주고받았다. 예카테리나, 처음 본 남자를 혼자 있는 자신의 집에 재우다니…. 인간에 대한 신뢰가 무한하고 용감한 여성이다. 인사하고 가챠의 집을 나오는데 기분이 상쾌하다.

40㎞ 정도 가니 오른쪽 숲 사이로 파란 물이 보였다, 말았다 한다. 바이칼호수다. 가슴이 쿵쿵 뛴다. 13시, 바부시킨에 도착했다. 도로변에 여관이 있다. 아래층은 카페이고 2층이 여관이다. 짐을 풀어놓고 철길을 건너 호숫가로 갔다. 자갈밭에 불을 피워 놓고 물놀이하던 사내 둘이 보드카를 권한다. 자신들은 장거리트럭운전사라고 한다. 같이 수영도 하며 어울리자고 끌었지만 사양하고 일어섰다.

호숫가 자갈밭, 나무 그늘 아래 누워 눈을 감았다. 바람도 산들 불고 아늑하고 편해서 스르르 잠이 온다. 멀리 왔다. 돌아가는 것을 생각해 보았다. 어색하다.

1. 바이칼 호수
2. 호수물에 발을 담그다.
3. 호수 주변

▲ 바이칼 호변 풍경

자전거와
반야심경과
장자

7월 28일 | 비드리노(Vydrino), 96㎞

아침에 마을을 빠져나가는데 뒤에서 부르는 소리에 뒤를 돌아보니 밭에 나와 일하시던 할아버지 부부가 손을 크게 흔든다. 나도 "스빠시바~!(감사합니다)" 하고 손을 크게 흔들었다.

오르막과 내리막이 반복되는 길이라 힘들었지만 구글지도에 나와 있는 숙소는 어렵지 않게 찾을 수 있었다. 겉으로 보기에도 근사해 보이는 목조 건물이라 숙박료가 궁금했는데 1박에 4,500루블이라기에 뒤도 안 돌아보고 나왔다. 이제 어떻게 하지? 야영을 해야 하나 하고 망설이고 서 있는데 좀 전에 본 젊은이가 문을 열고 나왔다. 그는 자기가 생각해도 방값이 비싸다고 말하며 싼 집을 알아봐 주겠다고 하기에 따라갔다.

젊은이는 이 집 저 집 문을 두드려 보고 전화도 해 보더니 1박에 800루블이라는데 괜찮겠냐고 묻는다. 적당하다고 했다. 간판도 없는 민박집이다. 청년의 이름은 앤드류(Andrew, 러시아 이름 안드레이), 20살, 미국에서 10년 동안 살아서 영어가 유창하다. 아까 그 여관은 자신의 할아버지가 운영하는데 자신은 9월에 다시 미국으로 간다고 한다. 앤드류는 나이는 어리지만 솔직하고 붙임성이 있는 열린 마음의 청년이다.

앤드류와 같이 동네 구석구석을 돌아다녔다. 앤드류는 5시에 주방일을 해야 한다며 돌아가고 나는 호숫가로 나갔다. 비경이다. 가족 단위의 피서객이 드문드문 있을 뿐이다. 옷을 벗고 호숫물에 몸을 담갔다. 물은 적당히 차고 살은 피로를 씻어 낸 듯 말랑거린다.

저녁 시간에 맞춰 숙소에 돌아오니 바깥 테이블에 저녁 식사기 준비되어 있다. 주인 부부의 이름은 비탈리와 나타샤, 비탈리는 3년 동안 부산과 블라디보스톡을 오가는 배의 선원으로 일해서 부산을 잘 안다고 했다. 나타샤는 온종일 비키니 차림이다.

비드리노 ▲ ▶

자전거와
반야심경과
장자

7월 29일 | 비드리노(Vydrino)

아침 일찍 호숫가로 나갔다. 아무도 없다. 무인도에 온 느낌이다. 옷을 벗고 물에 들어가 몸을 씻었다. 물에서 나와 자갈을 고르고 통나무를 베고 누워 정태춘의 '북한강에서'를 들었다. 타월을 뒤집어쓰고 한참을 그렇게 누워 있었다. 앤드류에게서 '오늘 뭐 할 거냐?'는 메시지가 왔다. 호숫가에서 음식을 먹으며 놀자고 했더니 숲속에 사람들이 잘 모르는 작은 호수가 있는데 그곳에 가자고 한다.

앤드류가 안내한 호수는 또 다른 비경이다. 수영하는 사람이 몇 있다. 물에 들어가고 싶지만 팬티 차림으로 들어가기가 민망해서 망설이는데 앤드류가 여기는 러시아니 신경 쓸 필요 없단다. 물가에서 한참을 놀다가 앤드류는 다시 주방일로 들어가고 바이칼호수로 흘러들어가는 스네즈나야(Snezhnaya)강이 내려다보이는 나무 그늘에 앉아 한참 시간을 보냈다.

저녁에 비탈리와 보드카를 마셨다. 비탈리가 몇 년 전에 사냥한 곰의 발목을 보여 주었다. 겨울에 동료 둘과 눈 덮인 산에 들어가서 곰을 쫓는 20일 동안 불도 못 피우고, 담배도 못 피웠다고 한다. 앤드류가 맥주를 들고 와서 같이 마셨다. 앤드류는 좋은 친구다. 내가 차고 다니던 염주 팔찌를 앤드류의 손목에 걸어 주었다.

▲ 숲속 작은 호수와 스네즈나야 강에 놓인 다리

7월 30일 | 슬류단카(Slyudyanka), 70㎞

눈을 떠 보니 비탈리 부부의 침대에서 자고 있다. 비탈리가 차를 내왔다. 차를 마시고 떠날 채비를 하는데 오렌지 한 개와 담배 한 갑을 내민다. 이틀 전에 처음 본 사이인데 오래전부터 알고 지낸 사람 같다.

체인이 힘을 받지 못하고 툭툭 뛴다. 단순히 체인의 마모에 의한 것이라면 여분의 체인이 있으니 갈아 끼우면 되지만 다른 문제라면 조금 걱정된다. 중간에 비를 쫄딱 맞았다. 슬류단카에 거의 와서 카페에 들어갔다. 젊은 주인이 싹싹하다. 근처에 여관이 있는가 물으니, 1박에 600루블인 멋진 숙소가 있는데 오던 길로 4㎞ 되돌아가야 한단다.

숙소의 명함을 들고 4㎞ 되돌아갔지만 도무지 숙소라고는 있을 것 같지 않은 마을이 나왔다. 4번이나 길을 물어 겨우 통화가 연결되었는데, 여기 그대로 서 있으면 자전거 탄 여성이 데리러 온다고 한다. 5분 정도 기다리니, 자전거 탄 여성이 나타났다. 순간 아찔할 정도로 대단한 미인이다. 자전거를 타고 따라갔다. 산속으로 한참 올라가니 마당에 게르 두 채가 있는 가정집이 나왔다. 이런 곳에 게르라니? 어쩐지 어울리지 않는 조합 같았지만 게르 내부는 안락했다. 담 너머로 멀리 바이칼호가 보였다.

자전거를 엎어 놓고 체인을 교환하려는데 할로우핀을 어떻게 빼더라? 여러 번 해 본 일인데 처음 하는 일처럼 낯설다. 한참을 허둥대며 간신히 체인을 바꿔 끼웠다.

자전거와
반야심경과
장자

7월 31일 | 이르쿠츠크(Irkutsk), 120㎞

어둠이 채 가시기도 전에 숙소를 나왔다. 슬류단카를 벗어나자 고개가 나왔다. 오르막 12㎞의 길고 지루한 고갯길이다. 길은 계속 오르락내리락을 반복한다.

갑자기 하늘이 어두워지더니 천둥을 동반한 폭우가 쏟아진다. 달리 피할 곳도 없어 우산을 꺼내 쓰고 서서 비가 그치길 기다린다. 빗방울이 약해진 틈을 타 출발했다. 이르쿠츠크 시내에 들어와서 숙소 Lotus Hotel을 찾아 한참 헤맸다. 간판은 있었지만 'Lotus'를 러시아 글자 **ЛОТОС**로 써 놓았으니 보고서도 알아채지 못한 탓이다.

▼ 고개에서 본 바이칼

8월 1일~4일 | 이르쿠츠크(Irkutsk)

시내 이곳저곳을 돌아다니며 서울에서 오는 선생님들이 머무는 동안 어떻게 시간을 보낼지에 대한 일정을 짜면서 시간을 보냈다. 앙가라 강물은 떠서 마셔 보고 싶을 정도로 맑다. 바이칼호수로 흘러 들어가는 물은 많으나 흘러나오는 물은 앙가라강이 유일하다고 한다. 강물은 서쪽으로 흘러 예니세이강과 합류한 후 북극해로 흘러들어 간다.

8월 4일~10일 | 이르쿠츠크(Irkutsk) → 올혼섬(Olkhon)
　 → 비드리노(Vydrino)

춘흥, 동철, 문재 형과 병규, 준모가 도착한다. 오후에 이르쿠츠크 공항으로 마중을 나갔다. 5월 9일 서울에서 보고 3개월 만인데 수년 만에 만난 듯 반갑다. 몰려다니며 뭘 먹어도 맛있고 뭘 해도 즐겁다. 앙가라강을 따라 거닐다가 낯선 음식을 맛보며 맥주를 마시고 도시 이곳저곳을 기웃거리다 보면 하루가 짧다.

바이칼호수에 있는 올혼섬에 들어가서 이틀을 보냈다. 샤먼 바위에 올라 호수를 응시하다가 생소한 음악이 귀에 익을 무렵이면 어둠이 내리고, 호숫가에서 수영을 하며 한나절을 보내고 먹거리를 찾아 어슬렁거리다 보면 또 하루가 간다.

다시 이르쿠츠크로 나와 비드리노(Vydrino)로 간다. 날이 잔뜩 흐리고 비를 뿌려댔지만 우리는 폭풍우 속으로 걸어 나가 호숫가를 배회했다. 비가 새는 초라한 움막에서 무릎을 맞대고 모여 앉아 한 잔씩

1. 서울에서 온 동무들
2. 올혼섬에서 본 바이칼
3. 올혼 섬 샤먼 바위

보드카를 나눠 마시고 좋아라고 웃었다.

추억을 뒤로하고 시간은 자기 본래의 의지대로 흘러간다. 일주일이라는 시간은 아스라이 다가와 꿈처럼 머물다 연기처럼 사라졌다. 동무들에게서 인천공항에 도착했다는 문자가 왔다. 불과 하루 사이에 그렇게 가까이에서 그렇게 멀리 있을 수 있다니…. 세상이 마술 같다.

8월 11일 | 이르쿠츠크(Irkutsk)

다시 혼자가 되었다. 오전에 몽골영사관에 가서 비자를 받았다. 왔던 길을 되돌아 슬류단카까지 간 후 몬디(Mondy)로 가서 러시아–몽골 국경을 넘어 홉스골호수로 갈 생각이다.

오후에는 자전거를 정비했다.

8월 12일 | 쿨툭(Kultuk), 85㎞

아침 일찍 일어나 짐을 챙겼다. 10일 만이다. 옷, 책, 타이어, 튜브, 펌프…. 늘어난 짐이 부담스럽다. 7시에 호텔을 나왔다. 늘어난 짐 때문인지 자전거가 불안정하게 흔들리는 느낌이다. 해는 뜨겁고, 땀은 비 오듯 하고 거리는 좀처럼 줄지 않는다. 오후 4시 무렵, 마땅한 숙소를 발견하고 들어갔다. 입구에 도착하니 커다란 철문이 스르르 열린다. 마치 감옥 문이 열리는 것 같다. 속옷을 빨아 널고 먹고 마시고 또 먹고 마시고 해도 허기가 채워지지 않는다.

8월 13일 | 챔척(Zhemchug), 97㎞

아침에 짐을 싸며 청바지, 지난 3개월 동안 읽은 『반야심경』, 햄과 빵 등을 버렸다. 병규가 가져온 책 중에 『장자』만 남겼다. 버린 것도 다 쓸 수 있고 먹을 수 있는 것들이지만 지금은 짐일 뿐이다. 몬디(Mondy) 국경까지는 약 200㎞이고 외길이다.

30㎞ 정도 가자 멀리 산맥이 보였다. 위용이 범상치 않다. 조금 더 가니 차량통제소가 있고 요금을 받는다. 국립공원 입장료쯤 되는 것 같다. 산의 이름을 물으니 '아르샨'이라고 한다. 구글맵에 캠핑장이라고 나와 있는 곳을 찾아 들어갔다. 챔척(Zhemchug)이라는 마을이다. 한 아주머니의 뒤를 따라갔다. 넓은 마당 주변에 여러 채의 방갈로가 있었다. 마당 한쪽 구석에 재래식 화장실이 있고 물은 길어다 써야 하고 건물은 초라하지만 차주전자, 전기버너, 프라이팬, 그릇, 수저 등 조리기구가 다 있다. 1박에 500루블, 만족스럽다.

저녁에 장자 내편(內篇) 『덕충부(德充符)』를 읽었다.

위나라에 인기지리무신(闉跂支離無脤)이라는 현자가 있었다. 그는 절름발이에 얼굴도 일그러지고 등이 구부러진 꼽추였다. 그가 위령공(衛靈公)에게 도(道)를 말할 기회가 있었다. 영공은 그를 몇 번 만나본 뒤 그의 내면을 좋아하여 그의 외모를 잊고 오히려 정상인 사람이 이상하게 느껴질 정도였다.

"덕이 뛰어나면 외형 따위는 잊게 되느니 德有所長 而形有所忘

사람들은 잊어버려야 할 것은 잊지 않고 人不忘其所忘

잊지 말아야 할 것을 잊으니 而忘其所不忘

이것을 진정한 잊음이라 한다. 此謂誠忘"

8월 14일 | 챔척(Zhemchug)

하늘에 검은 구름이 가득하더니 8시가 지나자 비가 줄기차게 내린다. 옆 동 다락방으로 방을 옮겼다. 출입문도 따로 있고 마을이 내려다보이는 창문도 있고 불을 피울 수 있는 벽난로도 있다. 인터넷에서 홉스골로 통하는 국경 상황을 한참 검색해 보니 통과할 수 있다,

없다. 의견이 분분하다. 어째서 이르쿠츠크 몽골영사관에 갔을 때 이 점을 물어보지 않았을까? 벽난로에 불을 지폈다. 나무 타는 냄새가 좋다.

장자 내편 「인간세(人間世)」편을 읽는다.

위(衛)나라에 들어가 뜻을 펴 보겠다는 안회(顔回)에게 공자가 말한다.
"걷지 않는 것은 쉽지만, 걸으려면 반드시 땅을 밟아야 한다.
사람의 부림을 당하면 거짓을 저지를 수 있지만
하늘의 부림을 당하면 거짓을 저지르지 않을 수 있다.
날개를 달고 날았다는 말은 들었어도
날개 없이 날았다는 이야기는 듣지 못했을 것이다.
지식으로 사물의 이치를 안다는 말은 들었어도
무지로 모든 것을 알 수 있다는 이야기는 듣지 못했을 것이다.
저 빈 곳을 보라.
방을 비우니 밝은 빛이 가득 차지 않은가.
복된 일도 저기에 머문다."

진정 어떤 일을 이루려거든 마음을 비우라는 충고이다. 폴 고갱(Paul Gauguin, 1848~1903)은 "나는 보기 위해 눈을 감는다."고 했고, 폴 발레리(Paul Valéry, 1871~1945)는 "무언가를 본다는 것은 그것의 이름을 잊는 것이다."라고 말했다.

8월 15일 | 챔척(Zhemchug)

　아침에 스파에 갔다. 스파라고 해 봐야 탈의실과 교실 크기만 한 풀에 더운물을 가득 채워 놓은 게 전부이다. 오후에 몬디에서 국경을 넘어 몽골로 가는 데 무슨 문제는 없는지 영사관에 전화로 문의해 보았더니 그 국경은 러시안과 몽골리안에게만 오픈되어 있으며 제3국인은 넘을 수 없다고 한다. 국경에 출입국사무소가 없어 간혹 넘어가는 사람이 있지만 밀입국에 해당하므로 절대로 넘어가서는 안 된다고 한다. 아! 이런! 그럼 이제 어떻게 한다? 장자 내편 「덕충부」를 읽는다.

　신도가는 발 잘린 절름발이로 정나라의 재상 자산과 함께 백혼무인

▼ 챔척(Zhemchug) 풍경

에게 사사했다. 자산이 신도가의 외모를 비웃자, 신도가가 말했다.

"자신의 잘못을 변명하며 발이 잘림을 부당하게 여기는 사람은 많아도, 잘못을 변명치 않고 발이 잘린 사실을 받아들이는 사람은 적네. 사람의 힘으로는 어찌할 수 없음을 알고 운명으로 받아들임은, 덕 있는 자만이 할 수 있는 일이네. 활 잘 쏘는 예의 사정거리 안에 노닐면 다 화살에 맞을 것이네만, 그런데도 맞지 않는다면 이는 운이 좋기 때문이지. 세상에는 나의 온전치 못한 발을 비웃는 자들이 많고, 이때 나는 버럭 화를 내지만 선생님께 가면, 깨끗이 잊고 돌아오지. 선생님은 알지 못하지만, 이는 선생님의 덕이 내 마음을 씻어 주기 때문이네. 내가 선생님에게 배운 지 19년이 되지만, 스스로 발 병신임을 의식한 적이 없었네. 이제 그대는 나와 내면으로 사귀어야 할 텐데, 나의 외모를 탓함은 잘못이 아니겠는가?"

이에 자산이 태도를 바꿔 말했다.

"더 이상 말하지 말게".

저녁에 자리에 누워 앞으로의 일정에 대해 생각해 보았다. 일단 슬류단카로 다시 나가서 열차를 타고 울란바토르로 들어간 후 알타이로 가기로 했다.

8월 16일 | 챔척(Zhemchug)

3일 만에 파란 하늘이 고개를 내밀어, 이르쿠츠크 강변을 따라 길이 끝나는 곳까지 걸었다. 사진을 몇 장 찍고 돌아오는 길이었다. 들꽃이 가득한 꽃병이 놓인 작은 테이블 앞에 앉은 사내가 성냥을 긋고 있었다. 성냥은 좀처럼 불이 붙지 않았다. 나는 그의 담배에 라이터를 대주었다. 그는 다소 놀란 표정으로 일어나 자리를 권했다. 사양하고 가려 했으나 재차 권하므로 앉았다.

그는 플라스틱 물통을 거꾸로 엎어 놓고 그 위에 앉았다. 그는 강변에서 야영 중이었다. 차를 마시겠냐 물어 마시겠다고 했다. 그는 휴대용 가스레인지에 불을 붙이고 주전자를 올리고 컵을 가져와 티백을 넣고 각설탕 하나를 떨구었다. 우리는 통성명을 했다. 물이 끓자 그의 아내가 와서 찻잔에 물을 따랐다. 나는 그의 언어를, 그는 나의 언어를 모르지만, 그와 그의 아내와 나는 각자의 언어로 얘기했다. 테이블에 놓인 꽃들과 브리아티와 아르산과 칭기즈칸에 대해서….

그가 보드카 마시는 법에 대해 말하며 얼마 남지 않은 병에서 보드카를 따랐다. 딱 두 잔이 나왔다. 그의 아내가 절인 오이와 과자 봉지를 가지고 왔다. 우리는 보드카를 마셨다. 그가 절인 오이 한 조각을 집어 내 입에 넣어 주었다. 생소한 맛이었다. 그와 그의 아내는 서로 어깨를 붙이고 앉아, 세상은 신기한 일로 가득하다는 표정으로, 조근조근 말을 이어 갔다. 나는 과자를 홍차에 적셔 먹으며 그들의 이야기를 들었다.

꽤 시간이 흘렀다. 인사를 나누고 자리에서 일어섰다. 몇 걸음 걸 었을 때 "류!" 하고 부르는 소리에 뒤를 돌아다보았다. 그의 아내가 과자봉지를 가져가라고 흔들고 있었다. 나는 손을 흔들어 주었다. 걸 으면서 잠깐 갈등했다. 그들과 좀 더 어울리고 싶어 하는 마음과 여 기서 멈춰야 한다는 생각 사이에서…. 그러나 나는 이미 가게에 들어 서 있었다. 보드카 한 병과 갓 튀겨 낸 커다란 만두를 사 들고 그들이 있는 곳으로 다시 갔다. 앉은뱅이 테이블은 깨끗이 정돈되어 있었다. 그들은 스파에 가려던 참이었다. 그의 아내는 블루베리잼과 잔과 포 크를 내주고 스파로 갔다.

테이블을 앞에 두고 그는 동쪽을 나는 북쪽을 바라보며 테이블에 앉았다. 오후의 해가 그의 등 뒤에서 따가웠다. 그가 이야기를 시작 했다. 우리는 한 잔 두 잔 보드카를 따르고 마셨다. 나는 그의 말을 한마디도 알아들을 수 없었지만 그의 이야기는 끝없이 이어졌다. 가 끔씩 눈이 마주칠 때마다 나는 그의 어깨를 만져 주었다. 나에게 그의 말은 길고 긴 연가처럼 들렸다. 나는 울었다. 눈물이 볼을 타고 흘러 내렸다. 그는 엄지손가락으로 내 눈가를 닦아 주었다. 지금 세상에는 그와 나 둘뿐이었다. 해가 기울며 긴 그림자를 만들었다.

그의 아내가 스파에서 돌아왔다. 한 시간이 훌쩍 지나 있었다. 나 는 그와 포옹하고 자리에서 일어섰다. 그의 아내는 거의 줄지 않은 음 식을 싸 주었다. 숙소에 돌아와 자리에 누웠다. 약간의 취기는 있었 으나 정신은 맑았다. 나는 다음 날 이른 새벽 숙소를 나왔다. 거리는

1. 이르쿠츠크(Irkut)강
2. 아르샨(Arshan). 고조선의 수도 아사달이 이곳을 말한다는 설도 있고, 산속 몇몇 곳에 단군사당(추정)이
   있다고 한다.

자전거와
반야심경과
장자

조용하고 아르샨은 안개 위에 떠 있었다. 나는 페달을 힘껏 밟으며 허공에 크게 외쳤다.

"와심~ 잘 있어~~."

어쩌면 와심이 새벽 강에 나와 강물을 응시하며 성냥을 긋다가 들을지도 모른다고 생각하면서….

8월 17일 | 슬류댠카(Slyudyanka), 120㎞

새벽안개는 지독했지만 주행은 순조로웠고 오후 1시에 민박집 Delight에 도착했다. 오랜만에 샤워를 하고 머리를 감았다. 거무스름한 땟물이 나온다.

▼ 새벽 안개길

8월 18일 | 슬류댠카(Slyudyanka)

국경마을 나우시키(Naushki)까지 가는 열차표를 끊었다. 울란바토르까지 한 번에 가는 열차가 있다고 들었으나 매표원은 일단 나우시키까지 가서 다시 열차를 갈아타야 한다는 말만 되풀이한다. 말을 잘 알아듣지 못하고, 차례를 기다리는 뒷사람 눈치도 보이고 해서 일단 끊었다. 밤 11시 38분에 출발하는 열차이다.

민박집으로 돌아와 자전거를 분리해 두 개의 자루에 넣고 포장했다. 에브게리(주인)는 자기 일처럼 일일이 거들어 주었다. 루피나(안주인)가 열차에서 먹으라고 음식을 싸 주었다. 밤 10시 20분 에브게리의 승용차에 짐을 싣고 역으로 갔다. 졸음을 참아 가며 늦은 시간까지 기다려 주고 역에까지 나와 배웅해 주는 에브게리가 고맙고 한편 미안하다. 열차에 오를 때 그가 짐을 올려 주며 "good luck for you."라고 말했다. 뭉클했다.

열차에 오르자 승무원이 수건, 베개시트, 침대시트가 담긴 봉투를 준다.

8월 19일 | 나우시키(Naushki)

잠이 들었다 깼다 하는 사이 날이 밝았고, 열차는 울란우데에 도착했다. 거의 대부분의 승객이 내렸다. 내리기 전에 사용했던 시트를 다시 벗겨 잘 접어 놓는 모습이 인상적이다. 그냥 적당히 해 놓고 내려도 될 듯한데 모든 승객이 그렇게 한다. 날라리처럼 보이는 처녀도, 야쿠자처럼 보이는 아저씨도, 할머니도, 할아버지도…. 루피나가 싸 준 오이, 토마토 등의 채소와 견과를 먹으며 창밖을 내다보았다. 열차는 강을 따라 굽어진 철로 위를 뱀처럼 기듯이 천천히 가고 시시각각 변하는 풍경은 이국적이고 한가롭다. 11시, 열차는 러시아 국경마을 나우시키에 도착했다. 짐을 내리고 울란바토르행 열차표를 끊었다. 출발까지는 4시간 정도가 남았다. 짐을 대합실 한쪽에 포개 놓고 역사를 둘러본다.

나우시키는 좀 이상한 마을이다. 역사는 크고 깨끗하고 ATM도 두 대나 있지만 매점도 없고 구내식당도 없다. 역에서 100m 정도 떨어진 곳에 작은 가게가 하나 있을 뿐이다. 환전상이 있어 루블을 투그릭(몽골 화폐)으로 환전했다. 열차에 오르라는 안내방송이 들렸다. 언제 끌어다 놓았는지 한 량의 객차가 철로 위에 있었다. 3인실 10칸으로 나누어진 열차이다. 짐을 들고 낑낑거리며 자리를 찾아가서 자전거는 의자 아래 공간에 넣고 가방은 위 짐칸에 올렸다.

열차가 출발하고 잠시 후 국경에 도착했다. 출국과 입국수속은 열차 안에서 이루어진다. 러시아 출국심사원은 여권사진과 내 얼굴을 번갈아 가며 한참이나 쳐다보았다. 출국 후 살도 많이 빠지고 수염도 긴 상태니 많이 달라 보일 것이다. 몽골 출입국관리인이 와서 짐 검사를 하고 입국신고서를 작성한 후 열차가 출발했다.

"더 이상 얻으려 하지 말고 다만 마음을 비워라.
깨달은 사람의 마음은 거울과 같다.
보내지도 않고 맞지도 않으며, 받아들이되 잡아 두지 않는다.
그러므로 사물에 대응하면서도 스스로 상하지 않는 것이다."

– 장자 내편 「응제왕(應帝王)」

PART 05
-
몽골

울란바토르 → 알타이 → 울란바토르

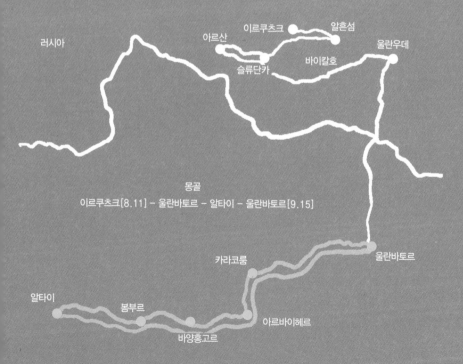

러시아

이르쿠츠크   알흔섬
아르산   울란우데
슬류단카   바이칼호

몽골
이르쿠츠크[8.11] - 울란바토르 - 알타이 - 울란바토르[9.15]

카라코룸   울란바토르

알타이
봄부르   아르바이헤르
바양홍고르

대성안령산맥에 들어서고 녹혀
드디어 나타나 윙윙거리며
쫓아오는 벌
도무지 수
고민이라.

아스팔트위의 질경이, 결국
밟히게 됨으로써 물리적
피괴에 늘 노출되어있지만
밟혀도 쉽게 상처입지
않는다. 길에서 산다고 해서
길경이라는 옛이름이 있다. 밟히는
곳에서 산다. 無無明 亦無無明盡, 無老死
赤無老死盡, 2019. 6. 26 일 아침 6:43분 根河市

▲ 감단사(甘丹寺)

아침 6시, 열차는 울란바토르역에 도착했다. 비가 오락가락한다. 역에 내려 두리번거리는데 "Taxi?" 하며 다가오는 젊은이가 있었다. "Yes!" 하니 얼른 짐 두 개를 받아들고 앞서간다. 모든 것이 낯설고 짐도 많고 날도 구질고 어제 예약한 호텔까지는 어차피 택시를 타야 하는 상황이었다. 호텔은 멀지 않았다. 택시비는 20,000투그릭. 우리 돈 1만 원으로 좀 비싸다는 생각이 들었지만 그가 수고한 것도 있고 사실 물가도 잘 모르고 덕분에 오는 과정도 깔끔했으므로 군말 없이 지불했다.

배정받은 방은 화장실 천장에서 물도 새고 어수선하다. 씻고 잠시 누웠다가 자전거를 조립했다. 스프라켓 안쪽에 이물질이 많이 끼어 있었다. 기어변속이 원활하지 않아 걱정했는데 이물질 때문이었던 것 같다. 12시에 방을 옮겼다. 방은 넓은데 맨 꼭대기 층이라 천장 한 귀퉁이에서 물이 새고 물 먹어 일어난 페인트가 툭툭 떨어진다.

오후에 국립박물관을 관람했다. 청동기시대의 유물이 보존 상태도 좋고 정교하고 종류도 다양해서 놀랐다.

8월 21일 | 울란바토르(Ulaanbaatar)

오전에 통신회사에 가서 유심칩을 구입한 후 감단사(甘丹寺, Gandan Temple)에 간다. 사원은 시내에서 약간 벗어나 구릉 위에 있었다. 몽골에서 가장 크고 오래된 사원이다.

승려들의 예불의식이 진행되는 법당에 가서 앉아 있으니 어떤 이가 커다란 대접에 한가득 아이락을 담아 와 권한다. 받아들고 천천히 조금씩 마셨다. 시큼한 발효주이다.

법당을 나와 커다란 관음불상이 모셔져 있는 관음대불전으로 간다. 관음불입상은 높이 27미터로 중앙아시아에서 가장 크다고 한다. 오늘은 하늘이 유난히 파랗다. '감단(甘丹)'은 '완전한 기쁨'이라는 뜻이다.

1. 감단사(甘丹寺)
2. 감단사 관음불입상
3~4. 감단사(甘丹寺) 법당 안

8월 22일 | 울란바토르(Ulaanbaatar)

아침부터 계속 비가 온다. 울란바토르 외곽에 있는 만슈어(Manzshir) 사원에 가 볼 생각이었으나 날씨 관계로 그만두고 시내에 있는 라마교사원(choijin Lama Temple Museum), 현대미술관, 국영백화점을 돌아다니며 시간을 보냈다. 몽골교통지도를 사서 들여다보았다. 울란바토르에서 알타이까지는 약 1,000㎞ 정도 되는데 약 250㎞의 비포장 도로 구간이 있다. 구글지도를 보니 비포장 250㎞ 구간에 마을은 있는데 길 표시가 없다. 갈 수는 있는 걸까?

▼ 울란바토르 초이진 라마교사원(choijin Lama Temple)

8월 23일 | 울란바토르(Ulaanbaatar)

자전거를 다시 점검하고 지금까지 지출된 총비용을 뽑아 보았다. 100일 동안 약 430만 원을 썼으니 하루에 43,000원가량을 쓴 셈이다.

8월 24일 | 룬(Run), 130㎞

공기가 차다. 사거리에서 신호대기로 멈춰 서 있는데 옆에선 승용차 운전자가 창문을 내리고 "안녕하세요?" 하고 인사를 한다. "아, 네~" 하고 인사를 받았다. 한국에서 3년 살았다고 한다. "추울 텐데? 모자 없어요?" 한다. "해 뜨면 좀 나아질 거 같은데요."라고 대답했지만 하루 종일 기온은 올라가지 않았다.

광대한 하늘은 구름의 변화가 요란하고 사방 어디를 둘러봐도 장관이다. 한쪽 하늘에서는 비가 오고 다른 한쪽 하늘은 해가 쨍하고 또 다른 한쪽에서는 마른번개가 친다. 오후 두 시 넘어 '룬(Run)'에 도착했다. 룬, 어쩐지 쓸쓸한 이름이다. 길가에 늘어선 집들도 이름만큼 쓸쓸하다. 대로변에 식당을 겸하는 여관이 한 곳 있었다. 식당 입구 손 씻는 곳에서 이를 닦고 고양이세수를 했다. 화장실은 건물 밖에 있다. 해가 지려면 아직 멀었는데 방 안에서는 아무 할 일이 없다. TV는커녕 작은 책상 하나 없다. 무료해서 들락거려 보지만 무료함만 커질 뿐이다. 무료함도 몸과 마음의 자연스런 상태인데 가만히 두고 보지 못하니 이것도 병이다. 해 질 무렵 동쪽에 굵고 짤막한 무지개가 떴다. 땅에서 어떤 기운이 솟아나오는 듯하다. 장자 외편(外篇) 「달생(達生)」편을 읽는다.

공자가 여량(呂梁)을 지나는데 폭포 아래 급류가 흐르는 곳에서 한 남자가 헤엄을 치고 있었다. 공자는 그가 물에 빠져 죽으려는 줄 알고 제자에게 구하라고 시키고 쫓아가 보니 그 남자는 물에서 나와 태연하게 노래를 부르며 쉬고 있었다. 공자가 그에게 다가가서 물었다.

"귀신이라 생각했는데 자세히 보니 사람이구려. 물에서 그렇게 헤엄을 잘 치는 특별한 비결이라도 있소?"

그가 대답했다.

"비결 같은 건 없습니다. 본래 타고난 것(故)에서 시작해서 습성(性)

으로 익숙해져서 운명을 따를 뿐입니다. 물이 빨아들이면 들어가고 물이 솟아오르면 물과 함께 나오며 물의 흐름을 따를 뿐 사사로이 그렇게 하는 것은 아닙니다. 이것이 제가 물에서 헤엄치는 방법입니다."

공자가 다시 물었다.

"본래 타고난 것(故)에서 시작해서 습성(性)으로 익숙해져서 운명을 따를 뿐이라는 것이 무슨 말입니까?"

그가 대답했다.

"저는 땅에서 태어났기 때문에 땅에서 편안함을 느끼는 것은 본래 타고난 것이고, 물에서 자라서 헤엄치는 일에 익숙한 것이 습성이며 그런데 제가 어떻게 그럴 수 있었는지 그 이유를 모르니 그것이 운명입니다."

8월 25일 | 카라코룸(Karakorum)

룬을 떠나면서 고갯마루에서 돌아다본 경관은 가슴에 담기 벅찰 정도로 웅장하고 성스러웠다. 바라보고 있으니 숨이 탁하고 차오른다. 오늘 본 산들은 타제석기의 표면을 닮았다. 마루와 능선이 검의 날처럼 날카롭다. 오르다 미끄러지면 베일 것 같다.

긴 언덕에서 자전거를 끌고 오르고 있었다. 뒤에서 오던 트럭이 멀찌감치 앞에 멈췄다. 한 사내가 내리더니 자동차 바퀴를 이리저리 둘러본다. 내가 다가가자 "하르호름?" 하고 묻는다. '카라코룸'을 '하르호름'이라 발음한다는 건 알았지만 처음에 못 알아들었다. 그는 다시 "하르호름?" 하고 차에 타라는 시늉을 한다. 하르호름까지는 이틀 거리이고 오늘은 어떻게든 버드까지만 갈 생각이었다. 도움이 필요한 상황은 아니었다. 버드는 50㎞ 이내에 있고 시간도 충분했다. 하지만 사내의 호의가 고마웠고, 이런 게 여행의 즐거움이 아닐까 하는 생각에 자전거를 트럭 뒤에 싣고 앞자리에 올라탔다.

그의 이름은 깜보스트이다. 그는 낙타를 구경시켜 주려고 사막에 차를 세웠고, 나는 양고기 국수로 점심을 샀다. 오후 3시 무렵 멀리 하르호름이 시야에 들어왔다. 마치 신기루처럼 비현실적인 모습이다.

깜보스트가 길옆에 트럭을 세웠다. 차에서 내리니 훅하고 올라오는 열기 때문에 가슴이 답답하다. 고맙다는 표시로 돈을 주어야 하나? 아니면 순수한 호의로 받아들여야 하나? 오는 내내 생각했었다. 자전거를 내리고 주머니에 있던 돈 8,000투그릭을 주었다. 그는 사양하지 않고 받았다. 건네는 손이 좀 부끄러웠다. 우리는 악수하고 헤어졌다. 멀어지는 그의 트럭을 바라보면서 돈을 태연히 받는 그의 모습과 내가 건넨 돈의 액수가 좀 초라하지 않았나 하는 생각을 하니 기분이 개운치 않았다.

마을을 한 바퀴 돌아 길가 여관에 들어갔다. 도미토리 10인실.

1. 카라코룸 돌거북
2. 카라코룸 아르덴죠 사원
3. 산크사원에서 바라본 초원

▲ 아르덴죠 사원

   하르호름, 칭기즈칸은 1220년 이곳에 머물며 몽골 제국의 시작을 열었지만 30년 후 쿠빌라이 칸이 수도를 베이징으로 옮기면서 기울기 시작하여 한때 세계의 수도였던 이 고도는 흔적도 없이 사라지고 말았다. 어디에 가치를 두고 살아야 하는지 덧없고 또 덧없다. 몽골제국 멸망 한참 뒤인 1586년 몽골족의 후예가 세웠다는 아르덴죠사원이 있어 그나마 초원의 적막함을 메워 주고 있다. 사원으로 들어가는 문은 마치 성문 같고, 사원을 둘러싸고 있는 스투파는 성벽 같고, 사원은 마치 성 같다. 사원은 세월의 무게를 오롯이 지고 힘들게 서 있다. 넓은 뜰에는 잡풀이 수북이 자랐다. 쓸쓸하다.

> 오백 년 도읍지(都邑地)를 필마(匹馬)로 돌아드니,
> 산천(山川)은 의구(依舊)하되 인걸(人傑)은 간 데 없다.
> 어즈버, 태평연월(太平烟月)이 꿈이런가 하노라.
> – 길재(吉再)

8월 27일 | 후지르트(khujirt), 50㎞

10시 무렵, 구름이 걷히고 해가 드러났다. 멀리 구릉 위에 사원이 보인다. 샹크 수도원이다. 스님들 경 읽는 소리가 낭낭하다. 경치는 갈수록 점점 더 웅장해진다.

후지르트(khujirt)에 도착했다. 길가 도로변 게르에서 음식을 팔고 있다. 호쇼르(튀김만두)를 시켜 놓고, "마을에 여관이 있는가?" 물으니 한 곳 있다고 알려 준다. 알려 준 곳으로 찾아갔다. 새로 지은 건물은 깨끗하나 방값이 부담되어 옛 건물에서 자기로 했다. 여러 개의 방이

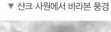

▼ 샹크 사원에서 바라본 풍경

길게 이어진 단층 콘크리트 건물이다. 마치 축사 같다. 방에는 침대만 달랑 있을 뿐이다.

수건에 물을 적셔 몸을 닦고 근처 산봉우리에 올라갔다. 가슴이 뻥 뚫리는 것 같다. 그런데 아무리 둘러봐도 내일 가야 할 방향으로 난 길이 보이지 않는다. 마을 끝에서 길이 딱 끊겼다.

1. 지역의 경계를 알려주는 문
2. 샨크 사원

▲ 산봉우리에서 본 초원

8월 28일 | 아르바이헤르(Arvaikheer), 120㎞

설마 했는데 마을이 끝나는 곳에서 길도 끝났다. "본래 땅 위에는 길이 없었다. 걸어가는 사람이 많아지면 곧 길이 되는 것이다. – 루쉰(魯迅, 1881~1936)" 맞다. 길은 있다. 정해진 길이 없다는 말이다. 맨 땅에 난 이 길은 갈래가 많고 이정표도 없다. 돌아갈 수도 없다. 들어서는데 심장이 쿵쿵거린다. 진짜 몽골초원에 온 것이다. 지난 흔적이 많은 곳이 길이다. 다행히 바닥은 단단하다. 만약 비가 온다면? 그런 생각은 하지 말자.

▲ 초원의 비포장길

　20㎞ 정도 갔을 때 길을 놓쳤다. 사방을 아무리 둘러봐도 길이란 확신이 서지 않는다. 멀리 게르가 한 채 보인다. 자전거를 끌고 가서 지도를 펴 들고 아르바이헤르 가는 길을 물었다. "한국 사람이세요?" 하고 쳐다본다. 깜짝 놀랐다. 몽골 초원 한가운데서 한국말을 듣게 되다니. 서글서글하게 생긴 젊은이는 한국말이 유창하다. 젊은이의 이름은 돌고스렁이다. 한국에서 5년 살았으며 요즘도 건축자재 수입하는 일로 자주 한국에 간다고 한다. 이런저런 얘기를 하며 마유주도 마시고 국수도 먹고 염소고기도 칼로 베어 먹고 같이 사진도 찍고 하다 보니 한 시간이 훌쩍 지나갔다. 가다가 먹으라며 몽골수박 한 통을

▲ 짧은 만남이었지만 정겨웠던 돌고스렁(맨 왼쪽)씨 가족

배낭에 넣어 주고, 혹시 개들이 달려들면 쫓으라고 막대기까지 챙겨
준다. 성의를 무시하기 어려워 사양하다 배낭에 넣었지만 수박 무게
가 장난이 아니다. 혹시 한국에 오면 연락하라고 전화번호를 건넸다.
자꾸 새로운 인연이 만들어진다. 감당할 수 있을지 걱정이다.

　돌고스렁이 알려 준 방향으로 난 길을 따라 30㎞ 정도 가니 포장도
로가 나왔다. 시간은 오후 한 시를 넘어섰다. 일몰까지는 6시간 정
도 남았고 아르바이헤르까지는 아직도 70㎞는 더 가야 한다. 시간적
으로는 충분하지만 맞바람이 너무 세다. 한 시간에 10㎞ 가기도 힘들
다. 메모지에 적어 둔 반야심경을 꺼내 외우며 천천히 차분하게 페달
을 밟았다.

▲ 초원에서 만난 꼬마 형제

　20㎞ 정도 갔을 때, 말 탄 꼬마 둘이 달려오더니 자전거를 타 보고 싶다고 한다. 타 보라고 내주었더니 신이 나서 내리지도 않고 숨이 차 올라 씩씩거리면서 잘도 탄다. 귀여운 녀석들이다. 아이들을 보니 기분은 좋아졌지만 마지막 10㎞는 정말 힘들었다.

오후 7시 거의 되어 아르바이헤르에 도착했다. 선택한 숙소는 허름하지만 욕실도 있고 더운물도 나온다. 티포트도 있다. 더는 바랄 게 없다.

8월 29일 | 아르바이헤르(Arvaikheer)

아침에 일어나 거울을 보니 눈알이 충혈되어 보기 흉할 정도로 빨갛고 얼굴은 피곤한 기색이 가득하다. 쉬어야 한다. 오전에 우체국에 가서 엽서를 부치고 시장에 가서 장갑을 사고 이발을 했다. 오후에 차를 마시며 쉬다가 자전거를 정비했다.

8월 30일 | 아르바이헤르(Arvaikheer)

마침 비 예보도 있고 하루 더 쉬기로 했다. 장자 내편 「응제왕(應帝王)」을 읽었다.

더 이상 얻으려 하지 말고 다만 마음을 비워라.
깨달은 사람의 마음은 거울과 같다.
보내지도 않고 맞지도 않으며, 받아들이되 잡아 두지 않는다.
그러므로 사물에 대응하면서도 스스로 상하지 않는 것이다.

8월 31일 | 나린텔(Nariinteel)

춥다. 어제 오후에 시장에서 산 방한 비니 모자를 꺼내 썼다. 주변

Ussi's photograph

1. 아르바이헤르 지나면서 ㅅ
   지형으로 바뀌었다.
2. 확실히 달라진 주변 풍광
3. 얼굴이 좀 낡았다.

자전거와
반야심경과
장자

환경은 확실히 달라졌다. 초원이라기보다는 사막에 가깝다. 거칠고 색이 누런 풀들이 듬성듬성 나 있고 적갈색 토양 위로 솟아난 검은 돌산이 황량하다.

오후 세 시, 나린텔 마을에 도착했다. 여관을 물어 찾아갔다. 5인실 도미토리방이다. 물이 귀하다. 벽에 걸어 놓은 물통에 물을 떠다 붓고 꼭지를 틀어서 쓴다. 몽골식으로 머리를 땋아 늘어뜨린 젊은 주인은 친절하다.

마을에서 500미터 정도 떨어진 곳에 있는 야트막한 산에 올라갔다. 사방이 한눈에 들어온다. 호쾌하고 적막하다.

내일도 비 예보가 있다. 하루건너 비가 온다. 예보가 틀렸으면 좋겠다.

갰다가 비 오고 비 오다가 다시 개네	乍晴還雨雨還晴
하늘도 이러하거늘 하물며 세상 인정이랴	天道猶然況世情
나를 기리는 사람 돌연 또 나를 헐뜯을 터	譽我便是還毀我
이름을 피하더니 저마다 또 이름을 구하네	逃名却自爲求名
꽃 피고 지는 것을 봄이 어찌 주관하며	花開花謝春何管
구름 가고 오는 것을 산이 어찌 다투랴	雲去雲來山不爭
사람들아 내 말 기억하시라	寄語世人須記憶
즐겁고 기쁜 일 평생 가지 않나니	取歡無處得平生
– 김시습(金時習), 「사청사우(乍晴乍雨)」	

9월 1일 | 나린텔(Nariinteel)

1. Ussi's photograph
2. Ussi's photo
3.

1~3.
무섭고 무겁고 요란하던
구름과 하늘의 변화

자전거와
반야심경과
장자

여관 주인이 저녁을 같이 먹자고 데리러 왔다. 찐만두를 맛있게 배불리 먹고 보드카도 서너 잔 얻어 마시며 앞뒤 없이 서툰 영어로 이런저런 얘기를 나누었다. 기회를 봐서 자리를 뜨려는데 마침 손님이 와서 밖으로 나왔다. 하늘의 변화가 예사롭지 않아 카메라를 들고 나갔다. 한순간 하늘이 붉게 변하는가 싶더니 자로 잰 듯 붉은색과 푸른색으로 갈렸다. 소름이 돋고 무서웠다.

9월 2일 | 바양홍고르(Bayan-Ondor), 70㎞

하늘에 새벽 별이 총총하다. 마당 한구석에 있는 화장실에 앉아 문을 활짝 열어젖혔다. 내 방 창에서 뿜어져 나오는 빛이 시야를 방해하고 있었다.

천체물리학과에 지원하는 김ㅇㅇ이라는 학생이 있었다. 천체 관측에 관한 대화 중에 광해(光害)라는 말이 그의 입에서 튀어나왔다. "광해가 뭐냐?"라고 물었다. "선생님도 광해를 모르세요? 불빛 때문에 기상관측에 방해가 되는 공해를 말하는데…." 방에 들어가 전등을 모두 끄고 다시 밖으로 나왔다. 칠흑 같은 어둠 속에 서 있다. 동남쪽 하늘에는 오리온 북쪽 하늘에는 북두칠성의 손잡이가 산마루에 걸려 있고 동쪽 하늘에는 금성이 빛나고 있었다.

멀리 고개를 힘들게 넘어오는 트럭의 불빛이 보였다. 어둠을 헤치고 밤새워 산길을 달려온 운전사의 피로와 고독이 느껴졌다. 트럭의 운전석에 앉아 있는 상상을 해보았다. 전조등이 비추는 도로면 이외

에는 아무것도 보이지 않았다.

방으로 들어가 불을 켜고 전기주전자에 물을 붓고 스위치를 꽂았다. 물이 끓는 동안 짐을 꾸리고 차를 우려 마시고 숙소를 나왔다.

순조로운 주행이었다. 12시 조금 넘어 바양홍고르에 도착했다. 찾아 들어간 여관은 깜깜하다. 오후 6시에 전기가 들어온다고 한다. 헤드라이트를 켜 들고 공용욕실에 가서 샤워하고 옷가지를 빨아 널고 거리로 나왔다. 갑자기 어두워지더니 비가 쏟아진다. 사람들은 의례적이라는 듯 별 동요가 없다. 우산도 쓰지 않고 뛰지도 않는다.

6시가 지났는데 여전히 전기가 들어오지 않는다. 알고 보니 전원장

◀ 바양홍고르 가는 길

치 고장이다. 옆방으로 옮겼다. 이번에는 출입문 잠금장치가 이상하다. 고장이 아니다. 출입문 걸림쇠의 방향이 반대로 되어 있어 처음부터 잠글 수 없는 구조다. 의자를 문에 기대 놓고 누웠다.

9월 3일 | 바양홍고르(Bayan-Ondor)

몸이 무겁다. 하루 더 쉬기로 했다. 숙소를 옮겼다. 조금 낫다. 어제까지 잘되던 인터넷이 오늘 아침부터 되지 않는다. 답답하다. 장바닥에서 우연히 한국말을 잘하는 몽골인을 만났다. 그와 함께 핸드폰 가게로 갔다. 20일간 쓸 데이터를 샀다. 그는 한국에서 8년 동안 살

앉다고 한다. 그와 돌아다니며 술을 꽤 많이 마셨다. 그가 취해 돌아
간 후에도 옆자리에 있던 다른 몽골 사람들과 어울려 취하도록 마셨
다. 뭉크라는 젊은이가 숙소까지 데려다주었다.

9월 4일 | 봄부르(Bumbugur), 110㎞

아침에 일어나니 숙취로 머리가 어질어질하다. 뭉크에게 인사라도
하고 출발하고 싶었지만 사는 곳도 연락처도 아는 게 없다. 봄부르 쪽
으로 가는 길을 찾는 데 힘들었다. 길은 길이라고 생각하기 어려운 쪽
으로 나 있었다. 포장이 헐고 파인 길을 2㎞ 정도 가니 주유소가 나오
고 다시 길이 사라졌다. 아무리 사방을 둘러봐도 내가 들어온 길만 있
고 주변은 황량한 구릉지대다.

때마침 SUV 차량 한 대가 들어온다. 손을 들어 세우고 지도를 들이
대고 봄부르 가는 길을 물었다. 저쪽으로 쭉 가면 된다고 손가락으로
가리킨다. 한숨 섞인 헛웃음이 나왔다. 길은 있었다. 아니, 정확하게
말하면 자동차가 지나다닌 흔적이 있었다. 생각하고 말고 할 것도 없
었다. 일단 들어섰다. 생각보다 노면은 단단하고 주행할 만했다.

하늘, 아니 하늘색에 대해 생각한다. 이건 무슨 색이지? 파란색,
퍼런색, 코발트색, 남색(藍色)… 아니다, 정의된 적이 없는 색이다.
구름 한 점, 아니 먼지 한 점 없는 하늘이 나를 에워싸고 있다. 거대
한 수렁 속에 들어와 있는 것 같다. 아름답다는 생각은 들지 않는다.
감정이입을 거부하는 막막, 비정, 냉혹, 처연 그 자체, 하늘이 아니

라 그냥 천공(天空). 멈춰 서서 허공에 대고 사진을 몇 장 찍었다. 허공이 찍힐 리 없다.

저만치에서 나를 향해 한 사내가 걸어오고 있다. 목자(牧者)일 것이다. 나는 서서 한참 기다렸다. 그는 내가 서 있는 옆에 말없이 풀썩 앉았다. 내가 "봄부르?" 하고 말했던 것 같다. 그는 손을 들어 방향을 가리켰다. 그가 가리킨 방향은 애매하고 멀었다. 잠시 동안 서로 아무 말도, 행동도 없었다. 나는 가만히 서서 가야 할 방향을 바라보았고, 그는 오래전부터 거기에 있었던 것처럼 한참을 앉아 있었다. 나는 손을 흔들고 출발했다. 그도 손을 흔들어 주었다. 마치 혈육을 떼어 놓고 가는 것처럼 발이 무거웠다.

한참을 가니 젊은 목자가 오토바이를 타고 나타났다. 자루에는 마른 가축 똥이 가득 실려 있다. 그는 호기심이 많다. 자전거를 만져 보고 이것저것 묻다가 내가 "봄부르?" 하니 손으로 한곳을 가리킨다. 자세히 보니 희미하게 산봉우리가 보인다. 초원에서 길은 중요하지 않다. 길은 이리저리 났다가 사라진다. 어떤 지점으로 난 단 하나의 길은 존재하지 않는다. 대신 방향이 중요하다. 삶도 그렇지 않을까? 하루하루의 삶이 날마다 곧을 수는 없더라도 간혹 흔들리더라도 나아가는 방향이 바르다면 올바른 삶이 아닐까?

비포장 길 110㎞는 생각보다 멀었다. 거리가 좀처럼 줄지 않는다. 말을 타고 나타난 노인은 손가락 4개를 펴 보이고 동그라미 하나를 허공에 그린 후 음식 먹는 시늉을 했다. 40㎞ 정도 가니 음식을 파는 게르가 한 채 있었지만 음식 준비가 안 된 상태라 그냥 지나쳤다. 이제 부터는 가끔씩 지나던 차도 안 보이고 목자도 없고 오로지 희미하게 보이는 산을 바라보며 페달을 밟았다. 처음으로 대단한 여행을 하고 있다는 생각이 들었다.

'봄부르라는 마을이 있기는 한 걸까? 제대로 가고 있는 걸까? 110㎞ 다 왔는데 이상하네? 이 정도 왔으면 뭔가 보여야 하는데?' 하는 의심이, 회의가 머릿속에 가득 찼을 때 어떤 조그만 기미도 없이 한순간에 언덕 아래 마을이 나타났다. 반갑다기보다는 마을 이 풍기는 고립 감에 숨이 탁 막혔다. 다행히 한 곳의 여관이 있었다. 자전거를 타고 낯선 차림으로 나타난 이방인의 모습에 경계하던 두 아주머니는 여관 문 앞까지 데려다주었다.

물이 귀하다. 한 바가지의 물을 가져다주었다. 그 물로 머리를 적시고 거기에 수건을 빨고 그 수건으로 몸을 닦았다. 여관집 아들에게 음식점이 있냐고 물으니 없다고 손으로 X자 표시를 한다. 그래도 뭘 먹어야겠기에 마을을 둘러보니 호쇼르(튀긴 고기만두)를 파는 가게가 있다. 한참을 기다려 7개를 샀다. 배가 고프기도 했지만 방금 튀겨 낸 육즙이 가득한 호쇼르의 맛은 최고였다. 몇 개 남겨 내일 아침에 먹을 생각이었지만 돌아오면서 3개, 숙소에 도착해서 4개를 다 먹어 버렸다.

해 질 무렵 지도를 들고 나가 부차간(Buutsagaan)으로 가는 방향을 여러 사람에게 물었다. 젊은 청년이 확실한 답을 주었다. 이정표도 없고 길도 확실하지 않으니 전봇대가 나 있는 방향을 따라가면 된다고 한다.

새벽에 아내로부터 오늘이 내 생일이라는 문자가 왔다. 동트기 전에 출발했다. 길은 점점 사막지형을 닮아 간다. 길 위에는 굵은 모래가 덮여 있어 푸석거리거나 모래가 없는 부분은 땅이 파도 무늬 모양으로 파여 있다. 30㎞ 지점에 식당이 있었다. 양고기수프의 뜨거운 국물을 들이켜고 나니 힘이 생기는 느낌이다.

낙타 무리를 만났다. 사진을 찍기 위해 자전거를 세우니 무리의 대장인 듯한 녀석은 피하지도 않고 길옆에 서서 빤히 쳐다보다가 자전거를 타고 다가가자 천천히 길을 내주었다.

길은 점점 더 나빠진다. 지랄 같다. 소용없는 일인 줄 알면서도 나도 모르게 입에서 욕설이 튀어나왔다. 마지막 5㎞는 거의 자전거를 끌다시피 하며 언덕을 오르니 마을이 보였다. 마을에 하나 있는 여관

▼ 다가가도 피하지 않고 서있던 낙타. 야생일까?

에 들어갔다. 방에는 침대만 달랑 놓여 있다. 샤워를 하려면 별도의 돈을 내야 한다. 카드 사용이 가능한 곳이 한 군데도 없다. 현금을 인출해야 하는데 ATM이 없다. ATM은 알타이에나 가야 있다고 한다. '현금이 얼마 없는데 어쩌지?' 하는 생각을 하며 가게에 들어가 두리번거리는데 주인이 한국말을 한다. 한국에서 5년 살았다고 한다. 주유소에서는 카드 사용이 가능하니 기름을 사는 걸로 하고 현금을 부탁해 보라며 메모를 적어 준다. 메모를 들고 주유소를 찾아가니 비자카드만 가능하다. 난 마스터카드다.

다시 가게로 와서 러시아 루블화가 있는데 바꿔 줄 수 있느냐고 물으니 가능하단다. 3,000루블을 교환했다. 알타이 쪽으로 가는 방향을 물었다. "저쪽 길로 가면 되지만 여기서 75㎞는 비포장 길이고 상태도 장난이 아닐 텐데…." 하며 말끝을 흐린다. 지도에는 포장길이라고 나와 있고 그렇게 믿고 있었는데 다시 비포장 길이라니… 오늘 지나온 그런 길은 더 이상 갈 수 없다. 혹시 알타이로 가는 버스가 있느냐고 물었다. 하루에 한 번 울란바토르에서 오는 버스가 있는데 아침 7시에 주유소 앞을 지난다고 한다.

여관에 누워서, 오늘 지나온 그 길로 버스가 다닌다는 말인가 하고 생각하니, SUV 차량도 아니고 영 믿기가 힘들다. 이런저런 생각으로 머릿속이 뒤숭숭한데 창밖으로 보이는 보름달은 크고 휘영청 밝다. 너무 밝으니 오히려 서글프다. 생일이라 그런가?

9월 6일 | 알타이(Altai)

7시에 온다던 버스는 8시 20분에 고갯마루에 나타났다. 가방은 짐칸에 넣고 자전거는 분리해서 버스 안으로 들고 들어갔다. 자전거로 다니다가 버스에 앉아 창밖을 내다보니 그렇게 편할 수가 없다. 가게 주인 말대로 75㎞ 정도 가서 포장도로가 나왔다.

오후 2시 무렵 알타이에 도착했다. 버스 정류장 옆에 두 개의 호텔이 보였다. 그중 좀 나아 보이는 호텔에 들어갔다. 3일 만에 머리를 감고 샤워를 했다. 시내로 나가 에브게리(Evgery)에게 엽서를 부치고 블랙마켓(Black Market)에 갔다. 컨테이너 상점이 빼곡히 들어차 있었으나 특별히 흥미를 끄는 물건은 보이지 않았다.

거센 바람이 일으키는 모래 먼지 때문에 눈을 제대로 뜨기 어렵다. 저녁에 누워 지도를 보니 울기까지는 약 500㎞ 정도 되고 울기에서 국경까지는 비포장도로이다. 비포장도로는 곤란하다. 버스 편을 알아봐야겠다.

9월 7일 | 알타이(Altai)

아침에 호텔카운터에 가서 울기 가는 노선버스가 있는가 물었다. 없다고 한다. '노선버스가 없다니? 그럼 어쩐다?' 하고 의자에 앉았는데 "안녕하세요?" 하고 젊은 아가씨가 인사를 건넨다. 이름은 애리이고 한국에서 공부했으며 작은아버지가 이 호텔의 주인이라고 한다. 울기 가는 교통편에 대해 물었다. 노선버스는 없으나 고비에서 알타

▲ 알타이는 이상한 도시이다. 다른 계절은 어떤가 모르지만 머무는 3일 내내 바람이 불었다. 황량하고 휑하다. 겨울도 아닌데 겨울바람 소리가 난다. 새벽 모래먼지가 도시를 서서히 덮어 오는 게 보였다. 다른 곳은 몰라도 여기서는 살 수 없을 거 같다고 생각했었다. 왜 이런 곳에 모여 살게 되었을까? 도착하면서부터 나갈 궁리를 했던 것 같다. 시 변두리에 야트막한 언덕이 있고 마루에 용도를 잃은 작은 사원이 있다. 특별히 갈 곳 없는 젊은이들이 삼삼오오 올라와 앉았거나 일없이 빙빙 돌다 내려가곤 한다. 숙소에서 창을 열면 잘 보였다. 떠나는 날 새벽에 잠깐 바람도 없고 하얀 달이 떠올랐다. 3일 동안 머물면서 딱 한 장 찍은 사진이다. 그런데 이곳이 다시 그립다.

이를 거쳐 울기로 가는 버스가 간혹 있으니 알아봐 주겠다고 한다.

알타이 박물관에 갔다. 오랜만에 관람객을 맞는 듯 직원의 태도가 어색하다. 시의 상징처럼 된 어린 말 모양 장신구는 생각보다 크기가 작았다. 블랙마켓 헌옷을 파는 가게에서 레깅스를, 약국에서 안약을, 슈퍼에서 로션을 하나 샀다. 애리 씨는 여기저기 울기 가는 교통편을 수소문해 보았으나 결국 찾지 못했다. 이제 어디로 가나? 북쪽으로 울기까지 가면 몽골을 제대로 관통하는 것이지만 체력적으로 자신이

자전거와
반야심경과
장자

없다. 국경을 넘는다고 해도 상황은 크게 나아지지 않는다. 어떤 전환기가 필요한 시점이다. 울란바토르로 다시 가서 모스크바까지 열차를 타면 어떨까 하는 생각이 떠올라 검색을 해 보니, 울란바토르발 모스크바행 시베리아횡단열차는 일주일에 두 번 화요일과 금요일에 있었다. 이 열차를 타면 거리도 죽 당기고 육체적·정신적 휴지기가 생기므로 다시 활력을 찾을 수 있을 것이다.

그래, 일단 울란바토르로 다시 가자. 그리고 시베리아 횡단 열차를 타자. 몸이 한계를 드러냈으니 방도에 얽매이지 말자.

9월 8일 | 알타이(Altai) → 울란바토르(Ulaanbaatar)

아침에 서둘러 짐을 챙겨 놓고 정류장에 가서 버스표를 샀다. 약 20시간 걸리고 11시에 출발해서 다음 날 아침 8시에 울란바토르에 도착한다. 3일 내내 바람이 분다. 눈을 바로 뜨고 걷기 어려울 정도로 도시 전체가 모래 먼지에 휩싸였다. 바람 때문에라도 이곳에 살 수는 없을 것 같다.

버스는 실명제이다. 표를 살 때 여권을 제시해야 하고 승차 후 별도의 양식지에 이름을 쓰고 사인해야 한다. 버스는 12시에 출발했다. 말로, 장사익, 임형주, 정태춘, 둘체 폰타스의 노래를 들었다. 모든 노래가 슬프다. 이어폰을 뺐다. 편한 자세로 앉아 흘러가는 경치를 바라보니 좋다. 한참을 달리던 버스가 벌판에 섰다. 덩그러니 게르가 한 채 있는데 식당이다. 고기국수를 먹었다. 담백하다.

버스는 약 2시간에 한 번씩 정차한다. 사람들은 이때 용변도 보고 담배도 피운다. 허허벌판에 화장실이 있을 리 없다. 소변은 돌아서서 누면 되고 대변을 좀 더 걸어 나가 해결한다.

9월 9일 | 울란바토르(Ulaanbaatar)

자다 깨다를 반복하다가 새벽이 되었다. 8시, 버스는 울란바토르 버스터미널에 도착했다. 짐을 내리고 자전거를 조립하고 짐을 싣고 출발했는데 속도계가 없다. 비포장 길에서 버스가 심하게 흔들려서 자전거가 조금 걱정되긴 했는데, 짐칸에서 이리저리 휘둘리며 빠진 것 같다. 혹시 짐칸 어디에 있을까 다시 버스로 가서 살펴보았으나 보이지 않는다. 있던 게 없으면 불편하겠지만 어쩔 수 없다.

예약한 게스트하우스는 생각했던 것보다 비좁고 답답했다. 미국 여성 마리와 러시아 남성 알렉스가 있었다. 둘 다 낯가림이 없고 싹싹하다. 간단히 아침을 먹고 모스크바행 열차표를 사기 위해 울란바토르역으로 갔다.

창구는 한산했으나 일 처리가 느리다. 도트프린터에 먹지를 일일이 손으로 끼워 넣고 티켓을 프린트하고 있었다. 차례가 와서 창구로 가니 9월 15일 티켓이 딱 한 장 있다고 한다. 2인실 78만 투그릭, 우리 돈 37만 원으로 비싼 편이지만 가격을 논할 때가 아니다. 표를 끊고 나니 홀가분하기는 하나 오늘이 9일이니 15일까지는 일주일이 남았다.

숙소에 돌아오다가 마리와 알렉스를 만나 같이 어울려 돌아다녔다. 알렉스는 영어가 매끄럽고 나는 영어가 미숙하지만 마리가 대화를 잘 이끌어서 여러 주제의 얘기를 나누었다. 해외여행에서 외국어를 잘하는 것이 중요하다고 생각되면 준비를 해야 한다. 하지만 언어가 미숙해도 서로 대화할 생각이 있다면 별 문제가 되지 않는다고 생각한다.

어떤 책에서 읽은 내용이다. 어느 날 어머니와 여행을 하는데 어머니가 처음 보는 여성과 웃으며 한참 동안 재미있게 얘기하는 걸 봤다. 나중에 알고 보니 그 여성은 듣지도 말하지도 못하는 여성이었다. 어머니는 "상대방과 대화하고 싶은 생각이 진정 있다면 언어는 부수적인 것이다."라고 말하며 웃으셨다고 한다. 게스트하우스에 오니 젊은 커플이 와 있었다. Hi~ 하고 인사는 나눴지만 사내가 좀 까칠하다. 세상에는 온갖 종류의 사람이 다 있다. 까칠할 수 있다.

9월 10일 | 울란바토르(Ulaanbaatar)

아침 일찍 일어났다. 모두들 자고 있다. 거실에 나와 커피를 한 잔 타 놓고 장자를 읽었다. 잘 읽힌다.

> "복은 깃털보다 가벼운데 이를 지닐 줄 아는 사람이 없고, 화(禍)는 땅덩어리보다 무거운데 이를 피할 줄 아는 사람이 없다 福輕乎羽 莫之知載 禍重乎地 莫之知避."
>
> – 장자 내편 「인간세(人間世)」

잠에서 깬 마리가 거실로 나와 무슨 책이냐고 묻는다. 이런저런 책이라고 설명을 하고 영문판도 있을 테니 돌아가면 꼭 한번 읽어 보라고 말해 주었다.

같은 건물에 있는 'Top & tour guesthouse'로 옮겼다. 옮긴 게스트하우스에는 젊은 일본인 자전거 여행자가 있었다. 바이칼까지 간다고 한다. 잠시 이런저런 얘기를 나누었다. 그의 태도는 상냥하고 친절하지만 이상하게 비호감이고 이질적으로 보인다. 편견일까?

오후에 차를 빌려서 마리와 알렉스와 함께 시외 투어를 갔다. 천진벌덕(Tsonjin Boldog)이라는 곳으로 전투에 지친 말들을 조련하던 칭기즈칸이 황금채찍을 발견한 곳이라고 한다. 스테인리스로 된 높이 40M의 거대한 칭기즈칸의 말 탄 상이 있고 내부에는 기네스북에 등재되었다는 세계 최대 크기의 가죽장화가 있다. 엘리베이터를 타고 말머리에 올라갈 수 있다. 사람들은 왜 이런 무모한 조형물을 만들기 위해 돈을 쏟아붓는 걸까? 울란바토르에 도서관을 하나 지었어야 하는 건 아닐까? 여기에 와 보니 칭기즈칸이 더 공허해 보였다.

> "사람들이 좋아하는 게 나는 싫고
> 남들이 높이는 걸 나는 하찮게 여기니…."
> – 정길수 편역, 「허균 선집」

▲ 거대한 징기스칸 상, 말머리에 전망대가 있다.

9월 11일 | 울란바토르(Ulaanbaatar)

버스를 타고 블랙마켓에 갔다. 시장이 크다. 자전거포장용 자루와 요즘 눈이 쉬 피로를 느끼는 것 같아 선글라스를 하나 샀다. 날씨가 추워지고 있다. 모자 달린 외투와 면티도 한 장 샀다. 거리를 걷다가 체중계를 앞에 놓고 손님을 기다리는 노인이 있기에 200투그릭(우리돈 약 100원)을 주고 몸무게를 재 보았다. 76.6kg이다. 옷 무게를 뺀다면 75kg 정도이다. 몸무게만 놓고 보면 만족스럽다.

밤 9시. 자려고 누웠는데 알렉스에게서 맥주 한잔하자는 전화가 왔다. 알렉스는 치타가 고향이다. 35살이고 미혼이며 치과의 레지던트 과정을 밟고 있다. 취미로 하드락밴드(Hard Rock Band)를 구성해 활동하는데, 그룹 이름은 'Cold chest of Siberia'이다. 유튜브를 검색하면 공연모습을 볼 수 있으니 나중에 한번 보라고 한다.

그는 나에게 바이칼까지 가는 동안 위험을 느낀 적이 없었냐고 물었다. 중간에 만난 몇몇 사람이 위험하다고 주의를 주었는데 위험한 일을 겪은 적은 없다고 했다. 자기가 치타에 살아서 잘 아는데 실제로 내가 주행한 구간은 위험한 구간이고 아무 일도 없었다면 운이 좋은 경우라고 하기에 서로 웃었다. 운이 좋았다면 나는 운이 좋은 사람이다. 숙소에 돌아오니 일본 애들 3명이 더 늘었다. 시끄럽다. 일본어는 왜 듣기가 거북할까? 이것도 편견인가? 아마 편견일 것이다. 아니, 편견이다.

9월 12일 | 울란바토르(Ulaanbaatar)

오전에 중앙도서관에 갔다. 자유열람실이 있으면 이 책 저 책 빼 보며 시간을 보낼 수 있겠구나 생각했었는데, 막상 가 보니 생각했던 그런 공간은 없었다. 도서관을 나와 걷다가 긴 꼬리구름을 남기며 하늘을 가로지르는 비행기를 보았다. 불에 덴 듯 집에 가고 싶다는 생각이 들었다. 또 이런 생각이 들었다. 돌아가는 건 쉽다. 언제고 표를 끊고 비행기를 타고 가면 된다. 몸이 나긋해지려고 한다. 이미 일주일을 쉬었고 앞으로도 열흘 이상 쉬어야 한다. 몸을 좀 움직여 줘야 한다.

오후에 피트니스 짐(Fitness Gym)에 가서 3일 사용료를 지불하고 러닝 머신에 올라가 보았다. 몸은 확실히 가벼워졌다.

체육관을 나와 투먼 이크 몽골전통공연장(Tumen Ekh Mongolian National Song & Dance Ensemble)까지 걸어갔다. 공연장 주변은 좀 어수선했지만 공연장 분위기는 좋았다. 남성 소리꾼이 고음과 저음을 동시에 내는 게 신기했다. 많은 수련이 필요한 과정인 듯 숨을 고르고 발성하는 모습이 인상적이었다. 노래, 춤, 악기, 무언극이 이어졌다. 노래와 연주는 슬프게만 들렸다. 마지막 차례에 곡예 하는 여성이 나왔다. 화장을 짙게 했지만 얼굴에 기예 연마의 고단한 흔적이 보인다. 한 동작 한 동작 호흡을 가다듬고 치밀하게 숨을 고르는 모습을 가까이에서 보면서 '혹시 나는 너무 쉽게 산 게 아닐까?' 하는 생각을 했다.

9월 13일 | 울란바토르(Ulaanbaatar)

오늘은 테레지(Tereji) 국립공원에 가 볼 생각이었다. 관광안내소에서 알려준 장소에 가서 기다렸으나 버스는 오지 않았다. 버스를 기다리는데 비쩍 마른 젊은이가 불안정하게 몇 걸음 걷더니 휘청하며 뒤로 쓰러졌다. 다행히 엉덩이가 먼저 땅에 닿았다. '뭐야? 어떡하지?' 하는 사이에 한 몽골 젊은이가 달려와서 일으켜 세우고 옷가지를 정돈해 주었다. 술에 취한 것 같았다. 바로 내 앞에서 벌어진 일이니 내가 먼저 달려가 일으켜 세웠어야 했다. 남의 나라 사람 일이라고 생각한 걸까? 아직 멀었다.

　밤에 숙소 입구에 나와 담배를 피우는데 "유시붐~" 하고 부르는 소리가 들린다. 놀라 돌아보니, 도착하는 날 숙소입구를 찾아 헤맬 때 친절히 알려 준 몽골 아저씨다. 어떻게 내 이름을…. 맞다, 그때 통성명을 했었다. 59세이고 안성에서 5년 일했다고 한다. 품에서 보드카 한 병을 꺼내 보이며 자기 집에 가서 한잔하자고 한다. 고마웠지만 부담스러웠다. 할 일이 없는데 할 일이 있다고 둘러대는 것도 힘들다.

▼ 멀리서 본 테레지 국립공원

자전거와
반야심경과
장자

9월 14일 | 울란바토르(Ulaanbaatar)

모스크바 한인게스트하우스에 19일~21일 예약을 넣었다. 블랙마켓에 가서 그저께 보고 살까 말까 망설였던 오래된 펜촉 1통을 샀다. 얼핏 세어 봐도 펜촉이 300개는 더 되니, 대를 이어 써도 남을 양이다. 조슈아 필즈 밀번은 그의 책 『미니멀리스트』에서 "수집(collecting)은 저장강박(hoarding)의 다른 표현이다."라고 말했다. 질병의 한 종류라는 말이다. 영화 「파이트 클럽」에서 주인공 타일러 더든은 "너는 결국 네가 가진 물건에 소유당하고 말 거야."라고 말한다. 그러면 나는 저장강박에 소유당한 걸까? 삶을 단순하게 하는 것은 일종의 철학이라고 생각하지만 지니고 싶은 것들이 너무 많다.

자전거를 분리해서 포장했다. 시간이 꽤 걸렸다. 몰튼자전거는 분리도 가능하고 튼튼해서 좋은데, 분리 후 수납에 대한 고려는 빵점이다. 공영백화점에 가서 열차 안에서 5일 동안 먹을 먹거리를 샀다. 길을 걷다가 생선 굽는 냄새에 끌려 들어가 고등어구이와 맥주를 시켰다. 울란바토르에는 한국식당이 흔하다. 너무 흔하다.

—

"성낼 경우를 당해도 성내지 않으면,
성냄도 성내지 않음 으로 귀결되고 만다."

— 장자 잡편(雜編) 「경상초(庚桑楚)」

PART 06

시베리아
횡단열차

울란바토르 → 모스크바

러시아   카잔   옴스크   노보시비르스크

카자흐스탄   이르쿠츠크

몽골
울란바토르

6th. Oct. 2017. Ussi
버스를 타고 40루블을 차장에게
건네면 이런 영수증을 끊어준다.
차장은 돈을 내고 영수증을 받는
건도 정겨웠다. 사라지는 모습을
정겹다.

9월 15일 | 울란바토르(Ulaanbaatar) → 모스크바(Moscow)

울란바토르-모스크바 열차는 15시에 출발한다. 거리 7,622㎞, 소요시간 99시간 30분, 만 4일이 넘는 시간이다. 19일 14시 30분 모스크바역에 도착한다. 장자 외편을 읽었다. 기성자가 투계를 길들이는 얘기다.

기성자가 임금을 위해 투계를 길들이는데 열흘이 되자 임금이 물었다.

"이제 싸울 만한 닭이 되었는가?"

그러자 기성자가 대답하였다.

"아직 멀었습니다. 지금은 허세만 부리고 교만하며 제 힘만 믿습니다."

열흘이 지나서 임금이 또 묻자 기성자가 대답하였다.

"아직도 멀었습니다. 다른 닭의 울음소리를 듣거나 모습을 보면 당장 덤벼들 것처럼 합니다."

그 뒤에 또 열흘이 지나서 임금이 묻자 기성자가 대답하였다.

"아직도 안 되었습니다. 다른 닭을 보면 노려보면서 성난 듯이 합니다."

그런지 십 일 뒤에 임금이 묻자 기성자는 대답하였다.

"이제 거의 다 되었습니다. 다른 닭이 울면서 소리를 질러도 미동도 하지 않습니다. 멀리서 바라보면 마치 나무로 만든 닭과 같습니다.

그 닭의 덕이 온전해진 것입니다. 그러므로 다른 닭이 감히 덤비지 못하고 그대로 달아납니다."

– 장자 외편 「달생」

이 글을 읽으니 얼굴이 화끈거린다. 덕이 온전해지기 전의 닭이 바로 나다.

열차는 외양이 산뜻하고 실내도 고급스럽다. 2인실은 생각보다 넓었다. 자전거를 의자 밑에 밀어 넣고 짐정리를 하는데 젊은이가 들어서며 반갑게 인사를 한다. 100시간 동안 모스크바까지 동행할 파트너이다. 사실 어떤 이가 탈까? 많이 궁금했었다. 우선 남자라서 다행이고 젊은이라서 기뻤다. 이름은 알렉세이, 우리는 방금 만났지만 마치 오래전부터 알았던 사이인 것처럼 포옹까지 하면서 서로를 반겼다. 알렉세이는 자신을 배웅 나온 여자 친구를 객실로 데려와 인사시켰다. 몽골 여성이다. 열차는 3시 22분에 출발했다. 객차를 둘러보았다. 객차 한쪽 끝에 승무원실과 작은 조리실과 더운물을 공급하는 보일어가 있고 다른 쪽 끝에 화장실이 있다. 내가 탄 차량은 2인실 침대칸으로 되어 있고 다른 차량은 6인실 침대칸 차량이다. 후미에 식당칸이 있다. 2인실 침대칸 중앙 창 쪽으로 작은 탁자가 있고 충전할 수 있는 콘센트도 있다. 침대는 의자 위로 접고 펼 수 있게 되어 있다. 승무원이 와서 개인용 보온병과 컵, 침대시트와 몇 종류의 차를 주고 갔다.

▲ 알렉세이, 울란바토르−모스크바 시베리아횡단열차

　알렉세이는 27살. 핸드폰 관련 조그만 사업을 한다고 한다. 한 달 전에 형이 울란우데에서 결혼을 했는데, 결혼식에 참석했다가 내친김에 몽골로 가서 고비사막을 여행한 후 모스크바로 돌아가는 길이라고 한다. 고향은 카잔이고 지금은 모스크바에 거주한다. 가끔 생각난 듯 툭 서로 이런저런 얘기를 하고 먹을 걸 나눠 먹고 보온병에 물을 받아 각자의 차를 내리고 마시며 창밖을 보다가 그는 라즈니쉬를 읽고 나는 장자를 읽고 각자의 음악을 듣는다. 지루하지 않느냐고? 그렇지 않다. 늘 꿈꿔 왔던 여행이다.

새벽 6시에 일어나 침구를 개고, 간단하게 얼굴을 씻고, 보온병의 더운물을 갈고, 차를 내린다. 차를 여러 잔 마시며 창밖을 내다보다가 장자를 읽는다. 맘에 드는 구절이 나오면 천천히 여러 번 되풀이해서 읽는다. 장자 잡편(雜編) 「경상초(庚桑楚)」편을 읽는다.

> 사형수가 높은 곳에 올라가도 두려워하지 않는 것은, 죽음과 삶을 초월했기 때문이다. 반복하여 공부하여 마음에 부끄러운 것이 없게 되면 사람을 잊게 되고 사람을 잊게 되면, 천인(天人)이 되는 것이다. 그러므로 그를 공경해도 기뻐하지 않고, 그를 모욕해도 성내지 않는 것은, 오직 하늘의 조화와 합치된 사람만이 그렇게 할 수 있다. 성낼 경우를 당해도 성내지 않으면, 성냄도 성내지 않음으로 귀결되고 만다.

알렉세이는 아직 젊어서 그런가 잠이 많다. 10시쯤 일어난다. "알렉세이, 잘 잤어? 오늘 브런치는 컵라면 어때?" 하고 물으면 그는 좋다고 하고 30분만 기다려 달라고 한다. 30분 동안 간단히 씻고 옆 빈칸에 들어가 요가 자세를 취하고 와서 자리에 앉는다. 컵라면에 물을 붓고 생마늘을 까고, 햄을 자르고, 마른 과일을 꺼낸다. 우리가 먹는 모습은 마치 수행자 같다.

알렉세이는 좀 특이한 면이 있다. 그의 선반 위에는 용도가 다른 6

종류의 아로마 병이 놓여 있다. 아침저녁 특정한 시간과 음식 섭취 전과 후에 특정 아로마를 손바닥에 문지르고 흡입한다. 나에게도 권한다. 뭐 좋다. 나쁘지 않다. 아침저녁으로 요가 자세를 취하고 라즈니쉬를 읽는다.

그가 울란우데에서 샀다는 눈, 귀, 코가 문드러진 청동원숭이상을 꺼내 보여 준다. 수행 중에는 듣지도 말고, 보지도 말고, 냄새 맡지도 말라는 의미라고 한다. 그 원숭이상을 앞에 놓고 우리는 한참 웃고 떠들었다. 내가 볼 때 그는 얼치기 요가수행자이다. 오히려 그런 점이 좋다. 돈도 벌어야 하고 결혼도 해야 하는데 어떻게 고도의 수행자가 되겠는가? 다만 때때로 돌아보려는 자세, 그거면 충분하다.

울란우데에서 이르쿠츠크까지 열차는 바이칼호수를 바짝 끼고 간다. 절경이다. 자전거를 타고 울란우데를 출발한 게 7월 26일이니 거의 두 달 가까이 바이칼호 주변을 맴돌고 있는 셈이다.

열차가 이르쿠츠크에 도착했다. 열차에서 내린 알렉세이가 젊은 여인과 뜨겁게 포옹 중이다. 알렉세이는 여인을 열차 안으로 데리고 와서 소개시켰다. 미인이다. 여인은 종이가방을 건네고 열차에서 내려 아쉬운 듯 한참 동안 손을 흔든다. 열차가 출발했다. 누구냐고 물으니 형의 결혼식에서 알게 된 사람인데 서로 좋아하는 사이라고 한다. "그럼 울란바토르의 여인은?" 하고 물으니 "친구의 친구"라고 말하고 멋쩍게 웃는다. 종이가방 안에는 책과 딸기잼과 닭볶음요리가 들어 있다.

▲ 열차는 하루에 서너번 정차한다.

9월 17일~18일 | 울란바토르(Ulaanbaatar) → 모스크바(Moscow)

열차라는 한정된 공간에서 별다른 일이 있을 수 없다. 10시쯤 브런치를 먹고 수시로 차를 마시고 음악을 들으며 창밖을 보다가 지루하면 장자를 읽고 열차가 정차하면 잠시 내려 몸을 움직이고 담배를 한 대 피운다. 장자 외편「달생」편을 읽는다.

"술에 취한 사람은 수레에서 떨어져도 다치기는 하지만 죽지는 않는다. 몸의 골절은 다른 사람과 같지만 그가 다른 사람들과 다른 것은 정신이 완전한 상태에 있기 때문이다. 그는 수레에 타는 것도 의식하지 못하고, 떨어지는 것도 의식하지 못한다. 죽음과 삶, 놀람과 두려움이 그의 가슴속에 스며들지 않으므로 어떤 물건에 부딪친다 해도 두려워하지 않게 되는 것이다. 그는 술에 의해 완전한 정신 상태에 있으므로 이와 같은 것이다. 그러니 하물며 자연에 의해 완전한 정신 상태를 얻은 사람이야 어떻겠는가? 성인은 자연에 몸을 담고 있으므로 아무것도 그를 손상시킬 수 없는 것이다. 원수를 갚으려는 사람도 원수의 칼까지 꺾지는 않으며, 비록 성을 잘 내는 마음을 갖고 있는 사람도 바람에 날려 온 기왓장을 원망하지는 않는다. 물건처럼 무심한 경지에 이르면 온 천하가 태평하게 되는 것이다."

알렉세이와 나는 출출하고 무료하면 식당 칸으로 가서 번갈아 가며 음식을 산다. 언제부턴가 우리가 탄 2인실 차량에 승객은 알렉세이와 나 둘뿐이고 승무원과도 좋은 사이가 되어 승무원들의 음식을 끼니마다 얻어먹게 되었다. 알렉세이와 나는 적당한 액수의 돈을 건넸다. 콩팥볶음, 고기국수, 만두 등이 끼니마다 날라져 왔다. 우리는 싱글벙글하며 늘 접시를 말끔하게 비웠다.

"스스로 기리지 않으면 非自爲頌 누가 나를 기려 주리 孰能頌汝"

– 허균, 「성옹송(惺翁頌)」

PART 07
-
또 러시아

모스크바 → 상트페테르부르크 → 킨기세프

25th, Sep. 2017 клин Russia Ussibum

9월 19일 | 모스크바(Moscow)

열차는 오후 2시에 모스크바역에 도착했다. 알렉세이는 필요할 거라며 자신이 여분으로 가지고 있던 유심을 내 휴대폰에 끼워 주었다. 고마운 친구다. 역 주차장에 알렉세이의 친구가 차를 대고 기다리고 있었다. 알렉세이의 친구 차에 짐을 싣고 게스트하우스까지 무사히 왔다.

모스크바는 인구 약 1,200만 명으로 세계에서 4번째로 큰 도시이다. 알렉세이가 아니었다면 짐 4개를 들고 낑낑거리며 헤맸을 생각을 하니 아찔하다. 아지트 게스트하우스의 운영자는 한국인이다. 당연히 매니저도 우리말을 하고 여성 직원분도 모스크바에 사는 교포이다. 이것저것 생각나는 대로 물어보고 거리로 나와 시내를 무작정 걸어 보았다. 현대적이고 무거운 느낌이다. 트램의 감각적인 디자인이 인상적이다.

9월 20일 | 모스크바(Moscow)

이즈마일로브스키 시장(Izmailovsky Market)에 갔다. 주말에는 벼룩시장이 열린다는데 오늘은 평일이라 한산했다. 인류 최초의 우주비행사 유리 가가린(1934~1968) 기념시계가 멋져 보였다. 마치 무엇에 홀린 듯 매장으로 들어가 시계 앞에 섰다. 가격도 적당해 보였다. 망설임도 없이 신용카드를 건넸다. 그런데 가만, 25,650루블이면 어이쿠! 우리 돈 50만 원이 넘는 돈이네! 이건 아닌데 하는데 이미 점원은 카드를

1. 모스크바 스카이라인
2. 모스크바 붉은 광장

굿고 있었다. 아! 이런 어떡하지? 취소해야 하나 하는데 점원은 어떤 이유에서인지는 모르지만 결제승인이 나지 않는다고 말하며 다시 카드를 굿고 있었다. 역시 승인이 떨어지지 않는다. 속으로 '휴! 다행이다.' 하고 가슴을 쓸어내리며 카드를 받아들고 매장을 나왔다. 시계는 맘에 들지만 아직 갈 길이 먼 여행자가 50만 원이 넘는 시계를 손목에 차고 건들거릴 수는 없지 않은가.

바실리성당을 구경하고 다리를 건너가 트레티야코프 미술관을 관람했다. 500년 이상 된 유화 그림들이 마치 어제 그린 듯 선명한 색상을 유지하고 있었다. 13만 점 이상의 예술품이 있다고 한다. 보는 것도 힘들다.

9월 21일 | 모스크바(Moscow)

오전에 푸시킨 미술관에 갔다. 입장한 지 채 한 시간도 안 지났는데 비상사이렌이 요란하게 울리더니 관람객을 모두 밖으로 내보냈다. 무슨 이유인지 알 수가 없다. 환불이니 뭐니 항의하는 사람이 있을 법도 한데 관람객 어느 누구도 그런 기미조차 보이지 않는다. 지시하는 대로 조용히 움직일 뿐이다. 좀 이상하다. 내가 이상한 건가? 미술관 밖으로 나오니 이쪽저쪽에서 사이렌을 요란하게 울리며 경찰차가 분주하게 오간다. 무슨 일이 있기는 있는 거 같은데 알 수가 없다.

저녁에 게스트하우스 박준우 매니저와 밖으로 나와 맥주를 꽤 많이 마셨다. 사람들에게 실망하고 몸과 마음이 아파, 여행하던 중 우연한 인연으로 이곳에 머물며 일을 봐주고 있다고 한다. 바이칼호수 올혼섬에 게스트하우스를 열어 아예 정착할까 하는 생각을 하고 있다고 한다.

1~2. 바실리 성당

9월 22일 | 모스크바(Moscow)

우체국에 가서 엽서를 부치고 자전거 샵에 가서 무선속도계를 샀다. 푸시킨 미술관에 다시 갔다가 바로 옆에 있는 20세기 유럽·미국 갤러리'에 들어갔다. 여기가 진짜였다. 고갱, 고흐, 마네, 모네, 르누아르, 크루베, 로댕, 앵그르, 고야, 마티스, 루소, 루오, 피카소, 미로, 샤갈, 칸딘스키 등 내가 알고 있는 거의 모든 유명 화가들의 작품이 있었다. 특히 고갱의 작품이 인상 깊었다. 색채가 무겁고 강렬했다.

내일 출발할 생각으로 자전거를 점검하는데 스프라켓이 역회전이 되지 않는다. 이건 내가 손볼 수 있는 문제가 아니다. 스프라켓을 풀어 봐야 하는데 일단 공구가 없으니 풀 수가 없다.

9월 23일 | 모스크바(Moscow)

자전거 휠을 들고 자전거수리점을 찾아갔다. 주인은 영어도 유창하고 시원시원한 인상이다. 베어링을 갈고 녹슨 부분은 그라인더로 깎아 내고 그리스를 채웠다. 시간도 꽤 걸렸고 예상치 못한 비용이 들었지만 출발 전에 문제가 드러난 것이 오히려 다행스런 일이라는 생각이 들었다.

9월 24일 | 클린(klin), 92㎞

일찍 일어나 콘프러스트에 우유를 부어 먹고 자전거를 끌고 문을 나서는데 박준우 매니저가 따라 나온다. 같이 담배를 한 대 피우고 인연이 생기면 또 보자는 말을 남기고 출발했다. 거의 20일 만에 페달을 밟으니 자전거가 조금 흔들리는 느낌이나 기분은 좋다. 클린까지 거리는 92㎞이다. 갓길은 좁은 편이나 바람도 없고 오르막 내리막도 없어서 13시경 클린에 도착했다.

숙소 'GARDEN PARK'는 한적한 위치에 있고 전망도 좋고 방도 넓고 청결하다. 커튼을 걷으니 빛이 방 안에 가득 찬다. 밖은 온통 노란색이다. 아! 가을이다. 독일쯤에서 가을을 맞길 바랐는데….

9월 25일 | 야모크(Yamok), 100㎞

25㎞ 정도 간 지점에서 뒤 타이어에 펑크가 났다. 타이어의 마모가 심한 것 같아 새것으로 갈았다. Computeria Country Hotel은 클린에서 약 100㎞ 정도 떨어진 야모크(Yamok)라는 곳에 있다. 국도에서 1.5㎞ 정도 떨어진 숲속, 청소년 야외수련원 같은 곳인데 부지도 넓고 직원들도 순박하고 숙박비도 싸다. 나무로 지어진 2층 건물 6개 동이 있다. 건물 한 동에는 10개 정도의 방이 있다. 테라스 밖은 바로 숲이다. 낮에도 아무 소리가 없고 밤에는 아무 소리 아무 빛도 없다. 언제까지고 눌러 있고 싶은 곳이다.

밤에 자리에 누워 은행 계좌 거래 내역을 확인해 보았다. 527,000

원이 인출된 게 눈에 띄었다. 이상하다. 아무리 생각해도 그렇게 큰 액수의 돈을 한 번에 쓴 적이 없는데…. 곰곰이 생각해 보니, 며칠 전 모스크바 벼룩시장에서 시계를 사려고 긁은 카드가 결제된 것 같았다. 그때는 분명 결제승인이 나지 않는다고 했는데 어찌된 일인지 모르겠다.

5만 원도 아니고 50만 원이 넘는 돈이니 그냥 갈 수는 없다. 내일 모스크바에 다시 가 봐야 한다. 이런저런 생각으로 머리가 복잡하다.

9월 26일 | 야모크(Yamok) → 모스크바(Moscow)

이런 저런 상황을 생각하느라 잠을 설쳤다. 프런트에 가서 하루치 숙박요금을 더 지불하고 택시를 불러 달라고 했다. 택시를 타고 트베리역에서 내렸다. 모스크바행 열차표를 끊었다. 그런데 표를 아무리 살펴봐도 열차번호, 승차홈, 좌석번호 같은 기본사항이 적혀 있지 않다. 역무원에게 승차장 위치를 물으니 내 바로 전에 표를 산 여성과 목적지가 같으니 이 여성을 꼭 붙잡고 타라고 팔짱을 끼워 준다. 웃었다. 여성은 멀쩡한 차림에 외모도 수수한데 입에서는 술 냄새가 훅훅 난다. 잠을 설쳐 피곤하기도 하고 오늘 일이 걱정되기도 하고 해서 눈을 감고 깜빡 졸다 깨니 모스크바 레닌그라드역이다.

지하철로 갈아타고 이즈마일로역에서 내렸다. 시계 매장에 들어서니 전에 있던 직원이 아니다. 거래내역에 찍혀 있던 인출상호명을 보여 주며 "여기가 이 집인가?" 하니 맞다고 한다. "지난 20일 시계

•
207

를….” 하고 말을 꺼내니 바로 알아듣고 그때 직원이 일처리를 잘못해서 미안하다며 책상서랍에서 시계와 영수증을 꺼내 준다. 직원의 태도를 보니 고의성은 없는 것 같고, 좀 비싸긴 하지만 맘에 드는 물건 하나 샀다고 생각하기로 하고 시계를 들고 나왔다. 충동구매의 대가를 톡톡히 치른 셈이다.

그냥 바로 숙소로 돌아갈까 하다가 박 매니저에게 밥이나 같이 먹자고 한 것이 한 잔 두 잔 술로 이어져서 결국 돌아가지 못하고 게스트하우스에서 잤다.

9월 27일 | 트베리(Tver)

아침에 일어나 조용히 게스트하우스를 나왔다. 지하철을 타고 레닌그라드역에 내려 트베리행 열차표를 샀다. 열차표에 열차 정보가 쓰여 있지 않으니 그냥 영수증 수준이다. 역무원에게 표를 보이며 플랫폼의 위치를 물었으나 돌아오는 러시아말을 영 알아들을 수가 없다. ‘그냥 1번 또는 2번이라고 말하면 될 것 같은데 뭐가 이리 복잡하지?’ 하고 의아해하는데 뒤에서 “한국 사람이세요?” 하는 소리가 들려 돌아보았다.

젊은 러시아 여성이 서 있다. 어떻게 한국말을 하느냐 물으니 한국에서 5년 정도 살았는데 이미 러시아에 온 지 10년 정도 돼서 한국말을 거의 잊었단다. 한참을 생각했다가 더듬더듬 말하지만 말을 알아들으니 무척 반갑다. 이름은 나타샤이고 클린에 살며 일주일에 3번씩 모스크바에 일하러 오는데 지금 돌아가는 길이라고. 나타샤는 한국 음식이 너무 먹고 싶고 김범수 노래를 좋아한단다. 배터리가 간당간당하더니 핸드폰이 꺼졌다. 내가 트베리에서 30㎞ 떨어진 마을까지 가야 한다고 했더니, 말도 못하고 핸드폰도 꺼졌는데 거기 어떻게 찾아가느냐고 걱정이 많다. "당신은 페이스북 안 해요?" 하기에 페이스북 이름을 적어 주었다. 나타샤는 "만나서 반가웠어요." 하며 걱정이 가득한 표정으로 클린에서 내렸다.

트베리에 내려 숙소 주소가 적힌 명함을 보여 주며 택시를 탔다. 러시아 사람들은 속도광이다. 비포장길은 아니지만 움푹 파인 곳도 많고 노면도 고르지 않은 시골길인데 속도계를 보니 140㎞/h이다. 이러다가 삐끗하면 끝인데 하는 불안한 상상을 하는 중에 숙소에 도착했다. 자리에 누우니 몸과 마음이 공허하다. 장자 내편 「양생주(養生主)」를 읽는다.

> 우사(右師)는 한쪽 발이 잘리는 형벌을 받았지만 이를 하늘의 뜻이라 여기고 슬퍼하거나 노여워하지 않았다. 한쪽 발이 잘린 우사를 보고 공문헌(公文軒)이 놀라서 물었다.
> "아니, 이 사람아 어쩌다가 이렇게 되었는가? 하늘이 한 일인가? 사람이 한 일인가?"
> 우사가 대답하기를,
> "하늘이 한 일이지 사람이 한 일이 아닙니다. 하늘이 나를 낳을 때

외발이 되게 한 것입니다. 사람의 모습은 하늘이 주는 것이니, 내가 외발이 된 것은 하늘의 뜻이지 사람 때문은 아닙니다. 연못의 꿩이 열 걸음을 가서 먹이를 한 번 쪼아 먹고, 백 걸음을 가서 한 번 물을 마시지만 새장에 갇혀 길러지기를 바라지는 않는 것은 비록 왕처럼 대접을 받아도 하늘의 뜻과 다르기 때문입니다."

9월 28일 | 비시니 볼로초크(Vishny Volochek), 92㎞

날이 흐리고 으스스 춥다. 레깅스 위에 렉워머를 입어도 춥다. 모자에 장갑까지 끼고 페달을 열심히 밟아도 땀이 조금 날 뿐 체온이 올라가지 않는다. 오후 1시경 비시니 볼로초크에 도착했다. 버레이즈 호텔은 큰길가에 있었다. 방은 군더더기 없이 단출하다. 거리에 나가 거닐었다. 분위기도 사람들 모습도 건물도 우울하고 초라해 보인다.

▼ 비시니 볼로초크

9월 29일 | 발다이(Valdai)

발다이로 접어들면서 얼핏 본 수도원의 외관이 인상적이었다. 호수 가운데 나란한 3개의 돔이 황금색으로 번쩍거렸다. 발다이 호텔은 오래된 아파트 같은 인상이다.

어제부터 안경(돋보기)이 보이지 않는다. 야모크에서 출발할 때 이불 속에 놓고 온 것 같은데 당장 불편하다. 머리가 길어 자꾸 내려오는 것도 신경 쓰인다.

▼ 발다이 수도원

▲ 발다이 수도원

9월 30일 | 발다이(Valdai)

비가와서 출발하지 못했다. 오전에 이발을 하고 안경점에 가서 돋보기를 샀다. 비가 잦아드는 기미가 보여 호수 중앙에 있는 수도원을 찾아갔다. 길은 외길인데, 큰길로 나가 내려가다가 다리를 건너야 한다. 약 10㎞ 정도 거리로, 걷기에는 멀고 버스도 없고 해서 자전거를 타고 갔다.

1653년에 설립된 이베르스키(Iversky) 수도원은 주변 경관도 뛰어나지만 종교적으로도 신성시되는 장소라고 한다. 입구의 베이커리에서 빵을 샀다. 갓 구워 낸 빵은 따끈하고 정직한 맛이다.

10월 1일 | 벨리키 노브고로드(Veliky Novgorod), 139㎞

오후 3시 무렵 벨리키 노브고로드에 도착했다. 숙소는 외곽에 있었다. 자전거에 잔뜩 묻어 있는 이물질을 털어 내고 체인을 정비했다. 내일은 100㎞ 떨어진 루가까지 가야 하는데 날씨가 자꾸 신경 쓰인다. 벌써 일주일 이상 해를 못 보고 있다. 10월 3일 밤부터는 계속 비 예보가 있으므로 그전까지는 상트-페테르부르크에 가야 한다.

10월 2일 | 루가(luga), 100㎞

하루 종일 비를 맞았다. 오후 3시, 루가의 Liliya 여관에 도착했다. 이런 곳에 여관이 왜 있을까 할 정도로 후미진 곳이다. 빗물과 흙이 튄 옷가지를 빨고 샤워를 하고 방으로 오니 으스스 춥다. 허리에 파스를 사다 붙였다. 내일 상트페테르부르크까지는 154㎞이다. 아직 하루에 가 본 적이 없는 거리다. 맞바람이거나 비라도 오면 많이 곤란해진다.

10월 3일 | 상트페테르부르크(Saint Petersburg), 154㎞

갈 길이 머니 마음이 급하다. 해 뜨기 전에 여관을 나왔다. 부지런히 페달을 밟았다.

5시 넘어 예약한 숙소 '호텔 나 리고프스콤' 근방에 왔지만 도무지 입구를 찾을 수 없다. 간판도 보이지 않는다. 한참을 헤매다가 지나는 청년을 붙들고 사정 얘기를 했다. 청년은 자신의 핸드폰으로 위치를 재탐색하고, 전화번호를 알아내 전화를 걸고, 나를 이끌어 숙소 문 앞까지 데려다주었다. 청년은 "즐거운 여행이 되길 바란다."라는 말을 남기고 총총히 사라졌다. 악수할 때, 청년의 손은 따뜻하고 내 손은 얼음처럼 차서 미안했다.

숙소는 건물 5층에 있었다. 가정집 건물을 개조한 듯싶다. 어둑해질 무렵, 밖으로 나와 걷다가 산뜻해 보이는 Beer Pub에 들어갔다. 맥주를 여러 잔 마셨다. 기분이 좋다. 후반전 시작하고 한 골 넣은 느낌이다.

상트페테르부르크는 모스크바와는 또 다르다. 모든 건물이 예사롭지 않고 도시의 일상이 예술이다. 내일이 추석이다. 달이 잠깐 얼굴을 내밀었다. "거기 달은 어떤가?"라고 물어온 이가 있었다.

"달은
그 달이
그 달이지만
심사(心事)가 다르니
그 달이
그 달이 아니다."

10월 4일 | 상트페테르부르크(Saint Petersburg)

오늘이 추석이다. 명절에 가장이 집에 없으니 분위기는 나지 않겠지만 어쩔 수 없는 일이다. 이런 생각을 해 보았다. 두 아버지가 있다. 한 아버지는 언제나 그렇듯 식구들과 둘러앉아 음식 만드는 걸 거들고 같이 먹고 마시며 어울린다. 다른 한 아버지는 오래전부터 해 보고 싶었던 일이고 지금이 아니면 영영 기회가 없을지도 모른다면서 집을 떠나 멀리 있다. 자, 어느 아버지의 손을 들어 줄 것인가?

"스스로 기리지 않으면   非自爲頌

누가 나를 기려 주리   孰能頌汝"

– 허균, 「성옹송(惺翁頌)」

4th. Oct. 2017. 미카일롭스키 공원담장

▲ 피의 구세주 성당, 보수 공사 중이라 어수선하지만 참 색을 솔직하게 쓴다는 생각을 했다.

피의 구세주 성당, 러시아미술관, 카잔 성당을 찾아다닌다. 어느 것 하나만으로도 도시의 위신이 설 만한 건축물들이다. 카잔 성당의 내부는 28개의 거대한 돌기둥이 돔을 떠받치고 있다. 돌기둥과 기둥을 받치고 있는 청동 받침대 옆에 서 있으면 그 무게감에 발등이 저릴 지경이다.

10월 5일 | 상트페테르부르크(Saint Petersburg)

에르미타쥬 박물관을 찾아갔다. 매월 첫 주 목요일은 박물관을 무료로 개방하는데, 오늘이 바로 그날이다. 간간이 비를 뿌리는 어수선한 날씨에도 줄이 길게 늘어서 있다. 광장에는 가운데 알렉산더 기둥이 우뚝 서 있을 뿐 광장을 꾸미려는 다른 어떤 기교도 의도도 보이지 않는다. 숨이 탁 트인다. 광장은 도시의 여백이고 도시가 숨 쉬는 허파이다. 서울 광화문 광장은 너무 복잡하고 어수선한 건 아닐까?

이곳에서 1905년 피의 일요일 사건, 1917년 10월 혁명이 일어나 세계사의 흐름을 바꾼 장소라고 생각하니 가슴이 울렁거린다. 알렉산더 기둥의 알렉산더는 우리가 알고 있는 알렉산더 대왕이 아니라 나폴레옹 군대에 맞서 싸워 승리한 러시아 황제 알렉산더 1세이다. 기둥의 높이는 47.5m, 무게는 599,994kg으로 엄청난 크기이지만 누워 있던 기둥을 일으켜 세우는 데는 2시간도 채 걸리지 않았다고 한다.

3시간이나 줄을 서서 겨우 들어갔으나 박물관 안은 그야말로 인산인해 아수라장이다. 아무리 공짜라지만 이건 아니다 싶어 내일 다시 오기로 하고 바로 나왔다. '세상에 공짜보다 비싼 건 없다'더니 오후 한나절을 줄서서 날려 버린 꼴이다. 사실 공짜를 바라고 온 건 아니다. 오려고 보니 공짜였었다.

▼ 에르미타주 박물관 부속건물

▲ 알렉산더 기둥

자전거와
반야심경과
장자

10월 6일 | 상트페테르부르크(Saint Petersburg)

아침부터 서둘러 버스를 타고 에르미타쥬 박물관 신관에 갔다. 4층이 핵심이다. 인상파화가들의 작품, 특히 춤, 대화 등 마티스의 작품을 얼른 보고 싶었다. 오디오가이드를 들으며 관람하니 시간이 꽤 걸린다. 4층만 보는 데 2시간 이상 걸렸다. 그림에 대해서 많은 생각을 한 시간이었다. 머리가 아플 만큼.

'배운 대로 그리기보다는 보이는 대로 그린다.'
'보이는 것 모두를 자세히 묘사할 필요는 없다.'
'세상에는 온갖 종류의 색이 있으며 이 색을 찾아내는 것이 화가의 몫이다.'
'모티브 자체는 중요하지 않다.'

마티스는 색에 대한 탁월한 감각과 사물을 단순화시키는 능력이 탁월한 작가이다. 미술학교 시절 그의 스승 귀스타프 모로는 "자네는 미술을 단순화시킬 운명이네."라고 말했다 한다. 그림을 좋아하는 모든 사람이 그의 그림을 좋아하고 나도 물론 좋아한다. 그의 그림 '이카루스'는 꼭 한번 보고 싶은 그림 1번이다. 하지만 그의 걸작 '춤'과 '대화'를 멀리서 그리고 가까이서 한참 바라보면서 이런 생각을 해 보았다.

시골의 한적한 식당 벽에 동네 청년이 이 그림을 그려 놓았다고 해도 사람들이 이렇게 열광할까? 아마 아닐 것 같다. 그렇다면 그림에 가치를 부여하는 것은 특정인의 안목이고, 그가 범인들이 안목을 키우고 세상은 그의 안목을 쫓아가는 것인가? 마티스가 아니면 그릴 수 없으므로 이런 물음 자체가 무의미한 걸까? 정신의 황홀함을 오랫동안 유지하는 것도 사람을 지치게 한다. 2, 3층을 대충 보고 나왔다.

박물관을 나와 센노이 재래시장까지 걸었다. 요 며칠 추위를 느껴 겨울 티셔츠를 하나 살 생각이다. 시장 입구 노점에서 장갑을 하나 사고 상가 건물에 있는 옷가게에 들어갔다. 적당한 티를 발견하고 들었다 놨다 망설이는데, 어쩐지 주변이 혼잡하고 어수선한 느낌이다. '왜 이러지?' 하는데 낯선 손이 왼쪽 상의 지퍼를 내리려다 다시 떨어졌다. 소매치기다. 나도 모르게 "너 이놈시키! 여기 열려고 했지? 나쁜 시키들, 경찰에 신고한다!" 하고 언성을 높였다.

일당은 3명이다. 3명은 우리가 뭘 어쨌냐고 오히려 뭐라 떠들다가 사라졌다. 종업원도, 상가 경비원도, 매장에 있던 손님도 아무 말도 반응도 없다. 옷은 마음에 드는데 기분이 영 찜찜해서 그냥 나왔다. 건물을 나와 몇 걸음 걸었을 때 고놈들 셋이 마주 오면서 나를 보더니 웃으며 하이파이브를 하자고 손을 흔든다. "그래? 알았어!" 하고 다가가서 손바닥을 맞춰 주었다. 포옹하려는 손은 슬쩍 뿌리쳤다. 학습한 바가 있기 때문이다.

1997년 여름 마드리드 아토차역. 배낭을 힘겹게 메고 코인락카룸을 향해 가고 있었다. 배가 살살 아파 오는데 락카룸 입구에 비스듬히 어깨를 기대고 서 있는 젊은이가 보였다. 청바지에 빨간 스웨터, 이마 위에 선글라스, 불붙지 않은 담배를 물고 있었다. 멋지다. 입구를 들어서려는데 그가 라이터 좀 빌려 달라고 말을 걸어왔다. 미안한데 라이터가 없다고 말하고 가려는데 "일본인인가?" 하고 물어온다. 한국인이라 하니 대뜸 "아~ 시름, 시름~" 한다.

시름? 잘 못 알아듣는 표정을 하니, 내 허리를 잡고 씨름하는 자세를 취한다. "아! 씨름~ 네가 씨름을 알아? 기특한데?" 하며 나도 덩달아 그의 허리를 잡고 자세를 취해 주었다. 우리는 서로 손을 흔들며 헤어졌다. 배낭을 코인락카에 넣고 화장실에 가서 바지를 내리는데 뒷주머니가 허전하다. 다행히 그가 빼 간 것은 지갑이 아니라 수첩이었기에 별 문제는 없었다. 유럽에서 소매치기는 일종의 게임이다.

우리는 웃으며 주먹을 두 번이나 부딪히고 웃으며 헤어졌다. 기분이 좀 나아졌다. 매장에 가서 아까 잡았던 티를 샀다. 사실 소매치기가 열려고 한 왼쪽 지퍼 주머니에는 돋보기안경밖에 없었다. 지퍼를 열어 안경을 보이며 '봐~ 아무것도 없어!' 하며 좀 더 여유롭게 넘길 수도 있지 않았을까 하는 생각을 했다.

Ussi's photo

Ussi's photo

1. 에르미타주 박물관
2. 네바강

자전거와
반야심경과
장자

10월 7일 | 우델나야(Udelnaya)

우델나야(Udelnaya)역 근처에서 열리는 주말 벼룩시장에 갔다. 장터는 사람들로 북적이지만 호객을 하지 않으므로 소란스럽지는 않다. 사람들은 마치 유체가 굽은 관을 돌아 나가듯이 움직인다. 거의 모든 종류의 물건들이 장터를 가득 메우고 있다. 심지어 쓰다가 남은 콘돔도 보인다.

저녁에 누워 다음 일정을 생각해 보았다. 북쪽으로 가서 핀란드 헬싱키까지 간다고 해도 바로 배를 타고 내려와야 할 형편이고, 여기까지 왔으니 핀란드도 가 보자 하는 건 욕심이다. 서쪽으로 가서 발트 3국을 거쳐 가는 게 옳다.

10월 8일 | 상트페테르부르크(Saint Petersburg)

10시 30분, 에르미타주 박물관(구관)에 도착했다. 중국인 단체 관광객들로 박물관 내부는 소란스럽다. 중국인들은 사진 찍기를 좋아한다. 눈에 보이는 모든 것을 카메라에 담을 기세로 사진을 찍어댄다. 1층 서점에서 책을 한 권 샀다. 부피가 크고 무게도 제법 나가서 망설였으나 영감을 불러일으키는 낯선 작가의 그림이 가득하다. 마침 택배로 보낼 다른 짐들도 있으니 함께 집으로 보낼 생각이다.

10월 9일 | 상트페테르부르크(Saint Petersburg)

아침에 택배 보낼 물건을 들고 EMS Russian Post를 찾아갔다. 한국

으로 택배를 보내고 싶다고 하니 3장의 용지를 준다. 어제 저녁 택배
에 필요한 러시아어 단어를 찾아 적어 왔으나 글씨도 작고 단어도 익
숙지 않아 적어 넣기가 쉽지 않다. 계속되는 나의 물음에도 여직원은
시종 친절하게 응대해 주었다.

이곳에 온 지 이미 일주일이 지났다. 장자를 읽는다.

"바른 길을 가는 사람은 태어난 그대로의 모습을 잃지 않는다. 그러
므로 붙어 있어도 군더더기라 여기지 않고 나뉘어 있어도 덧붙었다
고 생각하지 않는다. 길다고 그것을 남는다고 생각지 않으며, 짧다
고 그것을 모자란다고 여기지 않는다. 오리의 다리가 짧다고 길게
이어 주면 괴로울 것이고, 학의 다리가 길다고 짧게 잘라 주면 슬퍼
할 것이다. 이런 까닭에 길다고 걱정할 것도, 짧다고 근심할 것도
없는 것이다."
– 장자 외편 「변무(骿拇)」

10월 10일 | 킨기세프(Kingisepp), 115㎞

시외곽으로 통하는 도로에 진입하여 10㎞ 정도 가니 고속도로가 나
왔다. 자전거 통행금지. 톨게이트 직원이 자전거 통행이 가능한 E18
번 도로를 알려 주었으나 진입로를 찾는 게 쉽지 않았다. 어둑해질 무
렵 킨기세프에 있는 나르바호텔에 도착했다.

10월 11일 | 킨기세프(Kingisepp)

여행 5개월 째 되는 날이다. 10시에 준우가 왔다. 모스크바 게스트 하우스에서 만나 친해졌는데 무르만스크로 오로라를 보러 가는 길에 일부러 이곳에 들른 것이다. 2인실로 방을 옮기고 택시를 타고 시내로 나갔다. 준우와 이런저런 얘기를 나누며 맥주를 꽤 많이 마셨다.

위왕이 말했다.
"선생은 어째서 그리 고달프시오?"
장자가 대답했다.
"가난해서이지, 고달픈 것은 아니오.
선비로서 도덕을 갖추고서도 실행할 수 없으면 고달프다고 하며,
옷이 해지고 신발이 구멍 난 것은 가난한 것이지,
고달픈 것이 아니오."

– 장자 외편 「산목(山木)」

PART 08
-
발트 3국

에스토니아 → 라트비아 → 리투아니아

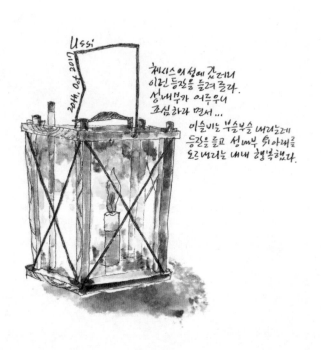

Ussi
2011. 07. 11.

체네스의 성에 갔더니
이런 등잔을 들려 준다.
성 내부가 어두우니
조심하라 면서...
이슬비는 부슬부슬 내리는데
등잔을 들고 성 내부 위아래를
오르내리는 내내 행복했다.

10월 12일 | 에스토니아(Estonia), 25㎞

9시경 숙소를 나왔다. 에스토니아 국경까지 거리는 25㎞ 정도로 가깝지만, 걸어서 국경을 통과하기는 처음이고 세세한 상황을 알 수 없으니 마음이 급하다. 준우는 조금 더 있다가 버스를 타고 상트페테르부르크로 간다고 한다. 군인 검문소, 경찰 검문소를 지나 출국사무소를 통과했다. 나르바강에 놓인 다리를 건너가니 에스토니아 입국사무소. "에스토니아에 얼마나 머물 예정인가? 최종 목적지는 어디인가?" 하고 묻는다. 일주일 정도 머물 예정이며 포르투칼 호카 땅끝(End of the land)까지 간다고 하니 씩 웃으며 스탬프를 찍어 준다.

입국사무소를 지나 밖으로 나오니 다른 세상에 온 느낌이다. 다만 다리 하나를 건넜을 뿐인데 거리는 평온하고 사람들은 여유롭다. 다

▼ 이반고로드성채

Ussi's Photo.

만 느낌일까? 예약한 Inger Hotel은 큰길가에 있었다. 옷을 갈아입고 나왔다. 나르바강 언덕에 있는 헤르만성에 가서 이반고로드성채를 바라보았다. 멋진 경관이다.

10월 13일 | 에스토니아(Estonia)

아침부터 이슬비가 부슬부슬 내린다. 거리는 온통 노란 가을색이다. 나르바 강변으로 내려가 강을 따라 걸었다. 강물의 흐름이 빠르고 수량이 많다. 강을 사이에 두고 서로 대치했다가 사라져 간 수많은 병사들을 생각해 본다.

> "달팽이 왼쪽 뿔 위에는 觸氏(촉씨)라는 임금이 있고 오른쪽 뿔 위에는 蠻氏(만씨)라는 임금이 있어 서로 다투었다. 싸움을 일으켜 수만의 시체가 즐비하고 도망하는 적을 뒤쫓아 보름 만에 돌아왔으나 이 모두가 달팽이 뿔 위에서 일어난 일이라."
> – 장자 잡편 「칙양(則陽)」

마트에 들어서는데 입구에서 여학생 둘이 노란 장미를 나눠 주고 있다. 나에게도 다가와 활짝 웃고 종알거리며 한 송이 건넨다. '오~ 스빠시바.' 낯선 땅에서 장미를 받다니 기분이 좋다.

1~2. 헤르만성과 이반고로드성채

달팽이 왼쪽 뿔 위에 촉씨라는 임금이 있고
오른쪽 뿔 위에 만씨라는 임금이 있어 서로 영토
다투어 수만의 시체가 즐비하고 군사를 쫓아
보름이 지난후 돌아 왔으나 이 모두가 달팽이
위에서 벌어진 일이라. 장자.

18th, Oct, 2017.
나르바강을 사이에 두고 에스토니아 헤르만성 요새 와 러시아 이반고로드요새.

10월 14일 | 에스토니아(Estonia), 112㎞

　날이 계속 흐리더니 오후 2시부터 비가 내리기 시작했다. 날씨도 험한데 마지막 15㎞는 날선 돌이 튀는 비포장도로다. 4시, 비를 쫄딱 맞고 호스텔에 도착했으나 문이 잠겨 있다. 두드려도 기척이 없다. 마침 이쪽으로 걸어오는 두 사내가 있어 사정을 말하고 전화를 부탁했다. 자신들은 이 지역 사람이 아니고 공연을 위해 핀란드와 미국에서 온 악단원이니, 일단 자신들이 있는 곳으로 가면 도움을 줄 수 있다고 해서 따라갔다. 시민회관쯤 되는 건물 안으로 들어가니 공연 준비가 한창이다. 두리번거리는데 현지인인 듯한 덩치 큰 사내가 와서 무엇이 문제인가 묻는다. 사정 얘기를 하니 바로 호스텔에 전화를 걸어주었다. 고맙다고 하고 돌아 나오는데, 오늘 밤 7시 이곳에서 콘서

트가 있는데 당신을 초대하니 꼭 오라고 한다. 호스텔에 오니, 키가
훌쩍 큰 여주인이 나와 손을 잡고 미안하다고 말하며 반갑게 맞아 주
었다. 여주인은 주방과 욕실, 침실을 안내하고 오늘 호스텔 투숙객은
당신 혼자이고 자신은 오늘 일이 있어 나가 봐야 하니 내일 아침에 열
쇠는 우편함에 넣고 가면 된단다. 아~ 그리고 당신은 우리 호스텔에
온 첫 번째 한국인이니 방문록에 꼭 메모를 남겨 주기 바란다는 말을
남기고 나갔다.

　숙소를 천천히 둘러보았다. 2층 목조주택인데 내부 장식, 설비, 집
기, 주방기기, 화장실, 욕실, 주방 모두 만족스럽다. 사실 피곤해서
썩 내키지는 않았지만 도움을 준 것도, 연주회에 초대해 준 것도 고마
워서 공연장에 갔다.

관객은 200명 정도의 지역주민이고 1부는 지역악단 연주, 2부는 초청악단의 연주로 짜여 있다. 한 곡이 끝나는 중간중간에 지휘자가 연주 단원을 소개했다. 나에게 도움을 주고 초빙했던 남성은 색소폰 연주자였다. 지휘자가 그를 소개했다. 그는 인사를 하고 객석에 자전거를 타고 한국에서 온 관객이 한 명 있다고 내가 있는 쪽을 가리켰다. 객석이 잠시 술렁였다. 나는 자리에서 일어나 인사하고 앉았다. 박수도 받았다. 좀 쑥스러웠지만 기분은 좋았다.

눈이 아플 정도로 피곤하다. 나를 초대해 준 색소폰 연주자에게 인사라도 하고 갈까 생각하며 둘러봐도 눈에 띄지 않아 그냥 숙소로 왔다.

밖에는 비가 부슬부슬 내리고 주인도 없는 큰 저택에 혼자 있다고 생각하니 온갖 잡념이 끼어들려 한다. 2층 도미토리로 올라가는 나무 계단은 유난히 울림이 크고 화장실 앞 액자 속 표범의 검은 눈은 으스스하다. 문을 걸고 맥주캔 하나를 마시고 자리에 누웠다.

▼ 에스토니아

▲ 에스토니아 Avinime Hostel

10월 15일 | 타르투(Tartu), 82㎞

새벽에 하늘을 보니 군데군데 파란 하늘이 보인다. 컵라면으로 아침을 먹고, 방문록에 간단한 그림을 그리고, 색을 칠하고, 몇 글자 적고, 숙소를 나왔다. 예약한 게스트하우스는 타르투 구시가 중심 광장 옆에 있었다.

사람이 모여 사는 곳은 모여 살기 좋은 뭔가가 있을 텐데, 이곳은 도시를 휘돌아 관통하는 강이 멋지다. 강을 사이에 두고 구시가와 신시가로 나뉘어 있고 강변 공원의 숲이 아름답다. 공원 벤치 위에 오후의 햇살을 받으며 노란 가을 잎이 우수수 떨어진다.

10월 16일 | 발가(Valga), 83㎞

뒷바퀴 펑크가 났다. 원인이 불분명한 펑크가 모스크바 출발 후 벌써 4번째다. 타이어를 살펴보니 가느다란 철사가 박혀 있다. 원인을 아니 그나마 다행이다. 자전거를 엎어 놓고 튜브를 타이어에 끼우는데, 지나가던 라이더가 자전거를 세우고 괜찮으냐고 묻는다. 사실 요 며칠 동안 그와 나는 앞서거니 뒤서거니 하며 여러 번 스쳐 지나갔다. 그때마다 내가 뭔가를 먹고 있거나 그가 뭔가를 먹고 있었다. 우리는 통성명을 했다. 그의 이름은 제임스, 프랑스인이다. 리옹이 고향이고 러시아까지 갔다가 프랑스로 가는 중이라고 한다. 그의 말에 의하면 이틀 동안 나를 5번 보았다고 한다. 프랑스까지는 방향이 같으니 다시 만날 수 있길 바란다고, 다시 만나면 맥주 한잔하자고, 서

로 기대 섞인 말을 주고받으며 헤어졌다. 발가의 민박집은 외진 곳에 있었다. 주인 할머니는 독일어와 불어를 하는데 영어는 모른다고 손을 내젓는다.

10월 17일 | 체시스(Cesis), 20㎞

발미에라를 지나면서 빗방울이 떨어지기 시작했다. 아직 20㎞ 이상 가야 하는데…. 모스크바 출발 이후 하루나 이틀 빼고 제대로 맑은 날이 없었던 것 같다. 유럽의 날씨가 음산하다는 말은 들었지만 이 정도인 줄은 생각 못 했다. 카트리나 호텔은 작고 아담한 숙소다. 방도 아늑하고 창도 크고 창밖 풍경도 좋다. 비를 맞은 모습이 추워 보였는지 히터까지 들여놔 준다. 와인(Shiraz Medium Sweet spain)을 한 병 사 들고 들어와서 반이 넘게 마셨다. 아까 들판을 지날 때 찰나 같은 순간 와인향이 코끝을 스쳤었다. 날도 흐리고 늦가을 들판에서 와인향이 날 리 없으니, 아마 착각이었을 테지만 한잔하고 싶다는 생각이 가시질 않았었는데 마침 숙소 테이블에 와인 잔이 정갈하게 놓여 있었다.

▲ 라트비아의 가을

10월 18일 | 체시스(Cesis)

날씨가 음산하다. 체시스성을 찾아가는데 가는 비가 부슬부슬 내린다. 매표소에서 요금을 내니 손등잔을 들려 준다. 진짜 등잔이다. 성 내부가 어두우니 발밑을 조심하라면서. 등잔을 들고 성 안으로 걸어 들어간다. 계단이 위아래로 미로처럼 이어진다. 관람객도 거의 없고 내부는 과연 등잔이 필요할 만큼 어두웠다.

아무리 먹어도 허기가 가시지 않는다. 내일은 라트비아 리가까지 가야 하는데 모처럼 날씨가 맑다는 일기예보다.

◀ 체시스성 내부

▲ 체시스성

자전거와
반야심경과
장자

10월 19일 | 리가(Riga)

맑으리라던 하늘이 흐리다. 안개까지 자욱하다. 오후 2시, 리가시에 도착했다. 전차, 트롤리버스, 버스, 택시, 승용차 등 교통수단의 종류가 다양하지만 그렇다고 혼란스럽지 않고 차분하다.

시간도 삶도 천천히 흐르는 듯하다. Skanste Hotel은 체육공원 옆에 있는 단정한 숙소다. 방 안에 있는 히터에 스팀이 들어오지만 저녁이 되니 춥다.

▲ 리가 시외

Ussl's Photo.

▲ 브레이크 타임

10월 20일 | 리가(Riga)

내셔날 아트갤러리를 관람하고 공원을 가로질러 구시가지 쪽으로 걸어간다. 수로를 따라 난 숲길을 걷는다. 단풍이 좋다.

자유기념비를 지나 시의 상징이 된 고양이 건물, 라트비아가 소련에서 독립할 때 독일에서 우정의 표시로 보냈다는 브레멘 음악대 동상, 검은머리전당, 성베드로 성당을 지나 다우가바강까지 갔다가 돌아왔다.

1. 리가
2. 리가시의 상징이 된 고양이 상. 이 건물의 주인인 라트비아의 부호가 길드에 가입하고자 했으나 대길드 조합
   의 독일인들이 거절하자 대길드 건물이 있는 방향으로 엉덩이를 내밀고 있는 고양이 상을 얹어 놓았다. 이
   일로 법정 다툼까지 갔으나 나중에 가입이 허용되어 방향을 돌려놓았다고 한다.

▲ 리가시 자유기념비

자전거와
반야심경과
장자

10월 21일 | 엘가바(Jelgava), 50㎞

2시 조금 넘어 엘가바 호스텔에 도착했다. 방값 15유로에 자전거를 안에 들이는 비용으로 3유로를 더 받는다. 호스텔 구조가 영 엉성하다. 드나들기도 불편하고 여주인과 딸 부부는 어딘가 좀 불량해 보이고 아이들은 시끄럽다.

거리로 나가 보았다. 공장 건물 위로 떨어지는 황혼이 쓸쓸하다. 낙엽은 스산한 소리를 내며 이리저리 바람에 쓸려 다니고 성당 첨탑 위의 풍향계는 방향을 잡느라 분주하다.

▲ 리가시

10월 22일 | 시아울리아이(Siauliai), 90km

새벽에 생각해 보니 어제 펑크 난 튜브를 때워 놓지 않았다. 주방에 가서 바가지에 물을 받아다 놓고 구멍 난 곳을 찾아 패치를 붙였다. 주행 중 펑크가 나면 튜브를 때우지 않고 여분의 튜브와 교체한다. 펑크 난 위치를 찾기 어렵기 때문이다.

새벽에 기온이 −3℃까지 내려가고 오전 내내 기온이 영하에 머문다고 한다. 새벽하늘에는 별이 총총했었는데 출발하니 안개가 짙다. 오후에는 날이 갠다는 예보가 있었지만 시아울리아이에 도착할 때까지 안개는 걷히지 않았다. 기온이 영하로 내려가면 손과 발이 가장 취약하다. 특히 발이 문제다. 주행 중에 모직 양말로 갈아 신어도 별 효과가 없다. 발을 녹이느라 여러 번 쉬고 발도 녹일 겸 점심도 그럴듯한 레스토랑에서 먹었다. 어둑어둑해질 무렵 시아울리아이 호텔에 도착했다.

▼ 시아울리아이 십자가 언덕

10월 23일 | 시아울리아이(Siauliai)

날은 춥고 진눈깨비가 오락가락한다. 엄두가 나지 않아 출발하지 못했다. 저녁 6시까지 물이 나오지 않는다고 한다. 빨리 남쪽으로 가야 하는데 추위가 걱정이다.

Ussi's Photo.

10월 24일 | 타우라게(Taurage), 100㎞

▲ 먹거리

　아침 기온을 보니 -2℃이다. 옷을 단단히 입고 출발했다. 오후 2시, 타우라게 호텔에 도착했다. 방에는 전자레인지도 있고 간단한 조리도구도 있다. 일기예보를 보니 일주일 동안 계속 비 예보가 뜬다. 이미 겨울에 접어들었고 갈 길은 먼데 날씨는 맑은 날이 거의 없으니 답답하다.

10월 25일 | 타우라게(Taurage)

　방에 틀어박혀 온종일 일없이 지냈다. 특별히 갈 만한 곳도 없다. 아침저녁으로 마트를 가고 올 뿐이다. 일기예보를 자주 쳐다보지만 계속 비예보만 보인다. 마음이 어수선하다. 반야심경을 한번 썼다.

10월 26일 | 타우라게(Taurage)

저녁이 되면 창문 너머로 보이는 구시가지 하늘은 나무 때는 연기로 자욱하다. '여기가 유럽 맞나?' 하는 생각이 든다. 의식수준과 생활수준은 높은데 노령사회고 성장 동력이 없으니…. 장자 외편 「산목(山木)」편을 읽는다.

> 장자가 기운 거친 베옷을 입고 띠는 바르게 매었으나, 삼으로 얽어맨 신을 신고 위왕(魏王)을 만났다.
> 위왕이 말했다.
> "선생은 어째서 그리 고달프시오?"
> 장자가 대답했다.
> "가난해서이지, 고달픈 것은 아니오. 선비로서 도덕을 갖추고서도 실행할 수 없으면 고달프다고 하며, 옷이 해지고 신발이 구멍 난 것은 가난한 것이지, 고달픈 것이 아니오. 이것을 이른바 때를 만나지 못했다는 것이오."

가난해도 고달프지 않을 수 있을까? 적게 지니고도 누추하지 않을 수 있을까?

"아아, 만물은 본래 서로 해를 끼치고,
이익과 손해는 서로 얽혀 있구나!"

– 장자 외편 「산목」

PART **09**
—
또다시
러시아

칼리닌그라드

리투아니아

발트해

타우라게

소비에츠크

칼리닌그라드

칼리닌그라드(러시아)

프롬보르크

폴란드

'Autumn of Estonia.
30th. Oct. 2017.
Polessky. Russia. Ussi.

칼리닌그라드주는 역사적으로나 지리적으로 흥미로운 곳이다. 원래 독일 영토로 주도는 칼리닌그라드이다. 독일명은 '쾨니히스베르크'이다. 2차 대전 후 소련 영토로 편입되었는데, 소련연방이 해체된 후 러시아 본토와 떨어진 고립된 지역이 되었다. 독일명 쾨니히스부르크는 소련 최고소비에트 의장 미하일 칼리닌의 이름을 따 '칼리닌그라드'로 바뀌었다. 북쪽은 리투아니아, 남쪽으로는 폴란드, 서쪽으로는 발트해에 접해 있다. 부동항으로 러시아 발트 함대의 중요한 근거지이다.

리투아니아 출국심사원은 별다른 말도 없이 출국스탬프를 찍어 준다. 다리를 건너 러시아 입국심사대로 갔다. 창에 난 반원형 구멍으로 여권을 들이밀었다. 입국심사관은 중년 여성인데 여권을 한참 이리저리 들추더니 "저 자전거를 타고 서울에서 여기까지 왔느냐?"고 묻는다. 지나온 길을 짧게 영어로 말했다. 웃으며 고개를 갸우뚱하더니 여기저기 전화를 건다. 잠시 후 밖으로 나와 자전거를 옆에 세우고 기다리라고 한다. 뒷사람 둘을 먼저 보내고 또 한참을 통화하더니 스탬프를 찍어 준다.

다음은 세관, 검사원은 젊고 반듯하게 생긴 동양인이다. "영어를 하느냐? 칼리닌그라드에는 얼마나 머무느냐? 이후에는 어디로 가느냐? 담배는 얼마나 지니고 있는가?"를 묻고 자전거에 달린 가방을 열어 보란다. 열어 봐야 뭐 별게 없다.

다시 러시아에 왔다. 네 번째다. 국경 마을에 있는 호텔 러시아에 들어가 체크인하고 자전거를 창고에 넣고 4층 객실로 올라갔다. 창밖으로 레닌동상이 서 있는 광장이 내려다보인다. 국경을 넘는 것은 언제나 신경 쓰이는 일이라 피곤하지만 숙소는 마치 요람에 누운 듯 편하다.

▲ 리투아니아-칼리닌그라드(러시아) 국경

10월 28일 | 소비에츠크(Sovietsk)

아침부터 비가 내린다. 어디 갈 곳을 생각해 보지만 텅 빈 광장에 내리는 비를 보는 게 오히려 낫다는 생각이 든다. 장자 내편 「제물론(齊物論)」을 읽는다.

"인간에게는 기쁨과 노여움, 슬픔과 즐거움, 근심과 한탄, 변덕과 두려움, 요사스러움과 자유분방함, 솔직함과 꾸밈 같은 감정이 있어 음악이 피리의 텅 빈 구멍에서 나오고, 버섯이 습한 땅에서 돋아나듯이, 밤낮없이 교대로 우리 앞에 나타나지만 그것이 어디에서 나오는 것인지 알 수가 없다. 참으로 애가 타고 답답한 일이다. 그러나 아침저녁으로 이를 경험하는 것은 그 근원이 있기 때문이 아닌가. 만일 그것이 없다면 내가 존재할 수가 없고, 내가 아니면 그것을 취할 수가 없으니 그것과 나는 아주 가까운 사이이나 무엇이 그리 되는지 알 수가 없다. 참된 주재자가 있는 것 같은데 그 조짐을 알 수가 없고, 행하는 바는 있지만 형상을 볼 수가 없다. 사실은 존재하지만 형체는 찾을 수가 없는 것이다."

내일은 개기를….

▲ 칼리닌그라드 국경마을 소비에츠크

10월 29일 | 소스노브카(Sosnovka), 49km

오후 3시까지 잠깐 갠다는 일기예보를 보고 출발했다. 예보가 틀렸
다. 하루 종일 비를 맞았다. 오후 2시 무렵 숙소 house of forest에 도
착했다. 차도에서 1㎞ 정도 들어간 숲속에 있었다. '마을이랄 것도 없

자전거와
반야심경과
장자

는 뚝 떨어진 이런 외진 곳에 무슨 여관이 있을까? 잘못 온 건 아닐까?' 하는 생각을 하는데 입구가 보였다. 체크인을 했다. 내부는 고급스럽고 바닥은 딛기가 미안할 정도로 깨끗하다. 나무로 된 실내는 고풍스럽고 고급스러운데 오랫동안 비었던 집에 들어온 듯 으스스하다. 샤워를 했다. 물에서 쇠 냄새가 많이 났다. 한참을 걸어 가까운 가게에 갔다. 여관에 있던 개가 계속 앞서간다. 들어가라고 쫓아도 자신이 할 일을 하고 있다는 듯 뒤돌아보며 계속 앞서간다. 가게엔 물건이 없어 진열대가 휑하다. 우유와 무알콜 맥주(이것밖에 없다)를 샀다. 가게를 나오니 개가 마치 주인을 기다리듯 지키고 서 있다. 자기 집에 온 손님이니 지켜줘야 한다고 생각하는 걸까? 기특하고 신통하다.

▲ 칼리닌그라드 숲길

▲ house of forest 게스트하우스

10월 30일 | 소스노브카(Sosnovka)

종일 비가 온다. 바람도 불고 기온도 차다. 아직 갈 길이 먼데 요즘 날씨 때문에 이동이 더디다. 종일 방 안에서 자다가 장자를 읽었다.

"공수(工倕)가 나무를 다룰 때 선을 긋거나 원을 그리면 도구를 쓴 듯이 정확했다. 손가락이 나무의 변화와 더불어 움직이기 때문에 마음에 생각이 끼어들지 않고, 따라서 그 마음은 하나가 되어 막힘이 없었다. 발을 잊게 되는 것은 신발이 꼭 맞기 때문이며, 허리를 잊게 되는 것은 허리띠가 꼭 맞기 때문이며, 우리가 옳고 그름의 판단을 잊어버릴 수 있는 것은 마음이 대상과 꼭 맞기 때문이다. 마음에 동요가 없고 외물에 끌려가는 일이 없는 것은 일이 마음에 꼭 맞기 때문이다. 스스로 알맞다는 데서 시작하고 알맞지 않은 것이 없음은, 그 알맞음도 잊는 경지에 이른 것이다."

— 장자 외편 「달생」

Ussi.
28th. Oct. 2019.
Cobetck. Russia. [인장]

10월 31일 | 칼리닌그라드(Kaliningrad), 65㎞

오늘 오전에 반짝 맑다는 일기예보다. 아침에 하늘을 보니 구름 사이로 파란 하늘이 반갑다. 오후 두 시 조금 넘어 칼리닌그라드 Marton Olympic Hotel에 도착했다.

▲ 칼리닌그라드 가는 길

짐을 풀어 놓고 칸트의 묘를 찾아갔다. 묘는 프레겔강 사이의 섬에 있는 쾨니히스베르크 성당 한쪽 모서리에 있었다. 벽면에는 '이마뉴엘칸트 1724~1804'라 쓰여 있고 아래에 붉은색 석관이 놓여 있다. 군데군데 푸른 이끼가 끼었다. 관의 형태가 요란하지 않고 반듯하다. 칸트도 그의 철학도 단단히 봉인된 느낌이다. 명성에 비해 초라한 느낌이다. 러시아에서 대접을 못 받는 탓일까? 칸트, 못이 박히도록 들어온 이름이지만 정작 이름 두 글자와 책 제목 두 개 외에는 아는 게 없다.

프레겔강에는 두 개의 섬이 있고 섬과 육지를 잇는 7개의 다리가 놓여 있었는데 언제부터인가 '임의의 지점에서 출발하여 일곱 개의 다리를 한 번씩만 건너서 원래 위치로 돌아오는 방법'에 대한 문제가 세인의 관심사였다. 이 문제는 1735년에 레온하르트 오일러가 처음으로 불가능하다는 것을 증명하였는데, 이 문제의 해답을 찾는 과정에서 그래프 이론이라는 수학의 한 분야가 생겨났다고 한다. 7개 다리 중에서 2개는 제2차 세계대전 때 폭격으로 소실되었고, 2개는 고속도로를 공사하면서 철거당해 현재는 3개만이 남아 있다.

푸틴은 "칸트의 고향은 쾨니히스베르크가 아니라 칼리닌그라드다."라는 말을 했는데 여기는 독일이 아니라 러시아 영토라는 뜻이다. 1945년 구소련에 편입된 후 독일인은 강제 추방되고 러시아인이 이주해 들어와 현재 주민의 82%가 러시아인이다.

▼ 칸트의 묘

자전거와
반야심경과
장자

1. 쾨니히스베르크 성당
2. 오일러의 한붓그리기 문제로 유명한 쾨니히스베르크 다리

비가 지겹다. 장자를 읽는다.

전개지는 축신에게 배웠는데, 주나라 위왕이 전개지에게 묻기를 "선생은 축신에게 무엇을 들으셨습니까?" 하니 전개지가 "빗자루를 들고 뜰 앞에서 시중을 들었을 뿐입니다." 하였다. 위왕이 다시 들은 바를 청하니 전개지가 말했다.

"스승께서 말씀하시길 '양생(養生)을 잘하는 것은 양을 치는 것과 같아서 뒤처지는 놈을 발견하면 채찍질하는 것과 같다.'고 말씀하셨습니다."

위공이 "무슨 뜻입니까?" 하니 전개지가 말하길

"노나라에 선표라는 사람이 있었는데 굴속에서 물만 마시고 사람들과 이익을 다투지 않아 나이 칠십이 되어도 얼굴빛이 어린아이와 같았으나 굶주린 호랑이에게 잡아먹히고 말았고, 장의라는 사람이 있었는데 부잣집이건 가난한 집이건 찾아다니며 사귀지 않은 사람이 없었으나 열병으로 죽고 말았습니다. 선표는 안으로 마음을 키웠으나 밖을 돌보지 않아 호랑이에게 잡아먹히고, 장의는 밖의 교제는 잘하였으나 안에서 병이 생겨 죽었습니다. 두 사람 다 뒤처진 것을 채찍질하지 않은 때문이라고 했습니다. 공자도 말하기를,

'들어가 숨지 말고, 無入而藏

 밖으로 나대지도 말고, 無出而陽

마른 나무처럼 가운데 서 있어라. 柴立其中央

이 세 가지가 조화를 이루면 三者若得

그 이름을 얻게 될 것이다 其名必極.'라고 했습니다."

– 장자 외편 「달생」

11월 2일 | 칼리닌그라드(Kaliningrad)

방을 옮겼다. 오늘도 비는 줄기차게 내린다. 장자를 읽는다.

장자가 밤나무 숲 근처에서 노니는데 큰 새가 장자의 이마를 스치
듯 날아 숲에 내려앉았다. 장자는 새총을 잡아들고 당기려 하다가
나무 그늘에서 쉬고 있는 매미를 보았다. 매미 뒤에서는 사마귀가
발을 쳐들고 매미를 노리고 있었고 새는 바로 그 사마귀를 쪼려는
찰나에 밤나무 산지기가 장자를 밤도둑으로 몰아 쫓겨 도망 나왔
다. 장자는 생각했다.

"아아, 만물은 본래 서로 해를 끼치고, 이익과 손해는 서로 얽혀 있
구나!"

– 장자 외편 「산목」

"잠 못 드는 자에게 밤은 길어라.
지친 자에게 갈 길은 멀어라.
옳고 그름을 분별하지 못하는
어리석은 자에게 생사의 고뇌는 깊어라."

– 장자 외편「산목」

PART **10**

—

폴란드

프롬보르크 → 말보르크→ 토룬 → 그니에즈노
→ 레슈노 → 루빈 → 조와 → 옐레니아 고라

발틱해

칼리닌그라드

프롬보르크

말보르크

그루지온츠

토룬

레슈노   그니에즈노

루빈

폴란드

조와

옐레니아 고라

체코   탄발트

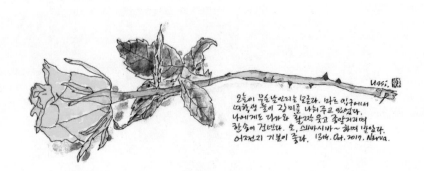

오늘이 무슨날인지는 모른다. 마른 입구에서
여직원 둘이 장미를 나눠주고 있었다.
나에게도 다가 와 활짝 웃고 좋아거리며
한송이 건넨다. 오, 스빠시바~ 하며 받았다.
어쩐지 기분이 좋다. 13th. Oct. 2017. Narva.

11월 3일 | 프롬보르크(Frombork), 67㎞

오늘 지나온 길은 길 양옆으로 늘어선 가로수가 정말 아름다웠다. 오른쪽으로 발트해가 언뜻언뜻 보인다.

1시, 러시아-폴란드 국경에 도착했다. 러시아 출국심사는 간단했으나 폴란드입국 사무소에는 입국심사를 기다리는 자동차가 1㎞ 정도 늘어서 있었다. 이 줄에 섰다가는 시간이 얼마나 걸릴지 모른다. 에라 모르는 척하고 입국심사대 50m 앞까지 접근해서 두리번거리는데 정복 입은 여성이 다가와 저 앞쪽으로 가라고 한다. 승용차 4대가 서 있는 짧은 줄이 있어 뒤에 섰다. 잠시 서 있으니 차례가 되었다. 여권을 이리저리 한참 넘기더니 "어디로 가는가?" 하고 묻는다. "오늘은 프롬보르크까지 가고 바르샤바, 독일, 프랑스, 에스파냐, 포르투갈…." 했더니 "오우~!" 하며 스탬프를 찍어 준다. 세관검사는 가방을 열고 닫는 것으로 끝났다. 3시, 프롬보르크 Dom Familijny 'Rheticus'호텔에 도착했다. 체크인을 하고 방으로 들어와 짐을 풀어 놓으니 벌써 밖이 어둑어둑하다.

맥주를 한잔 마시고 누웠으나 잠이 오지 않는다. 지붕에 비스듬히 난 창으로 보이는 달이 밝다.

▲ 폴란드 가로수길

자전거와
반야심경과
장자

▲ 가을냄새 물씬한 길

11월 4일 | 프롬보르크(Frombork)

8시에 조식을 먹으러 식당으로 갔다. 맛도 질도 양도 좋았지만 특별히 커피가 좋았다. 한쪽 구석에 영화 '대부'의 포스터가 이젤에 끼워져 놓여 있다. 말론 브란도의 얼굴 밑에는 "I'm going to make an offer he can't refuse(나는 그가 거절할 수 없는 제안을 할 것이다)."라는 극중 대사가 쓰여 있다. 무서운 말이다.

식당을 나와 성당 쪽으로 발길을 옮겼다. 인구 2,000명 정도의 작은 동네인데 성당의 규모는 크고 웅장하다. 성당 구역에 있는 코페르니쿠스 박물관에 들어갔다. 삼층 건물 내부에는 초상화, 책, 지도, 성도, 천체관측기구 등 관련 유물이 전시되어 있었다. 코페르니쿠스의 묘에 대해 물었다. 성당 안에 있다고 한다. 코페르니쿠스의 묘는 성당 입구에서 한참 들어간 오른쪽에 있었다. 조형물 아래 관을 안치했는데 바닥 유리를 통해 관을 볼 수 있다. 며칠 전에는 칸트, 오늘은 코페르니쿠스…. 머리가 무겁다.

프롬보르크는 2005년 11월 이곳의 대성당에서 코페르니쿠스의 유골이 발견되어 유명해진 마을이다. 1473년 폴란드 토룬에서 태어난 코페르니쿠스는 말년에 프롬보르크 성당의 참사관으로 일하며 천문학 연구에 몰두했다. 1543년 사망했으나 유해의 행방을 알 수 없었다. 고고학자들은 수 세기에 걸쳐 그의 유해를 찾으려 노력해 왔으며, 1807년 나폴레옹도 그의 무덤을 찾다가 실패하였다.

2005년 8월, 프롬보르크 대성당 제단 아래를 파고 들어가자 여러 구의 유골이 발견되었는데, 이 중 하나의 DNA가 코페르니쿠스 소장 도서에서 나온 머리카락의 DNA와 일치했다. 2010년 5월에 그의 장례식이 사후 거의 500년 만에 폴란드에서 다시 치러지고 유골을 담은 관은 프롬보르크 성당에 안치되었다. 이 해에 합성에 성공한 인공 원소의 공식 명칭이 그의 이름을 따라 '코페르니슘(copernicium, 원소기호 Cn)'으로 명명되었다.

코페르니쿠스는 사망 직전『천체의 운동과 그 배열에 관한 주해서』를 출판했다. 이 책에서 코페르니쿠스는 지구와 태양의 위치를 바꿈으로써 중세의 우주관을 폐기하고 인간 중심의 지구중심설에서 객관적인 입장의 태양중심설로 발상의 대전환을 가져왔다. 이후 '코페르니쿠스적 전환'이라는 말이 생겨났다.

"지구는 우주의 중심점이라는 엄청난 특권을 포기해야 했다. 이제 인간은 엄청난 위기에 봉착했다. 낙원으로의 복귀, 종교적 믿음에 대한 확신, 거룩함, 죄 없는 세상, 이런 것들이 모두 일장춘몽으로 끝날 위기에 놓인 것이다. 새로운 우주관을 받아들인다는 것은 사상 유례가 없는 사고의 자유와 감성의 위대함을 일깨워야 하는 일이다."

– 지동설에 대한 괴테의 언급

▲ 프롬보르크항

1. 프롬보르크성 망루
2. 프롬보르크

자전거와
반야심경과
장자

▲ 코페르니쿠스 상과 프롬보르크 성당

1. 프롬보르크 성당 내부
2. 코페르니쿠스의 묘

11월 5일 | 말보르크(Malbork), 62km

말보르크까지는 62km이다. 154km도 하루에 간 적이 있는데, 요즘은 이 정도 거리도 부담스럽다. 낮이 짧아진 탓도 있겠지만 변덕스런 날씨에 시달린 탓인지도 모른다.

예약한 숙소 Gemini Dom은 말보르크역 건물 2층이다. 방은 협소하지만 커튼을 올리면 바로 아래 플랫폼에서 열차를 기다리는 사람들의 모습이 고스란히 눈에 들어온다. 말보르크성을 보러 갔다. 별 기대 없이 와 본 것인데 성의 규모와 아우라가 예사롭지 않다. 성 입구에 '유네스코세계유산'이라는 동판이 붙어 있다. 성 내부를 둘러보고 나와 Nagat강에 놓인 다리를 건너가니 성이 한눈에 들어온다. 숙소에 와서 검색해 보니 말보르크성은 벽돌 건물로는 세계 최대 크기로, 죽기 전에 봐야 할 건축물로서 건축사적으로 중요한 건물이라고 한다. 생각지 않았던 곳에서 의외의 보물을 본 느낌이다.

1. 말보르크 성 스테인드그라스
2. 말보르크성, 대포알

1~2. 말보르크 성

자전거와
반야심경과
장자

11월 6일 | 그루지온츠(Graudenz), 64km

그루지온츠까지는 도보로 64km 정도 되는 거리라 구글맵에 나와있는 도보길을 따라가 보기로 했는데 결국 고생길이 되었다. 미로 속을 헤매는 느낌이다. 자전거 속도계를 보니 이미 주행거리는 60km인데 목적지까지 아직 30km 정도 남았다. 자전거에 흙물이 튀고 켜켜이 엉겨 붙어 타이어에 닿는 소리가 난다. 웅덩이에 고인 물로 대충 씻어내 보지만 꼴이 말이 아니다. 빨리 가서 쉬고 싶은 생각뿐이다. 3시, Hotel Kowalkowski에 도착했다.

11월 7일 | 토룬(Torun), 59km

토룬은 코페르니쿠스의 출생지이고 그가 생전에 살았던 집이 있는 곳이다. 토룬 구시가지 전체가 유네스코지정 세계문화유산이다. 어제 예약한 Gromada Hotel은 구시가 중심에서 가까운 위치에 있었다. 낮이 짧고 밤이 길다. 해는 오전 6시 58분에 떠서 오후 3시 59분에 진다. 낮이 9시간밖에 안 된다. 맥주 2병을 마시고 잠들었는데 너무 일찍 잠든 때문인지 새벽 1시에 잠이 깨서 정신이 말똥거린다. 2시간 동안 자전거의 흙을 털고 브레이크케이블을 정비했다.

11월 8일 | 토룬(Torun)

코페르니쿠스 생가 박물관에 갔으나 내부공사 관계로 휴관한다는 안내문이 붙어 있다. 많이 아쉽다. 비스와강에 놓인 철교를 건너 강

반대쪽으로 걸었다. 강 반대편에 서면 구시가의 전경을 볼 수 있을 것 같았다. 요즘 비가 계속 내린 때문인지 강물이 탁하고 흐름이 빠르다. 건너편에 구시가를 한눈에 볼 수 있는 포토존이 있으나 옅은 안개와 흐린 날씨 때문에 전망이 답답하다.

밤에 장자를 읽는다.

"배로 강을 건널 때 빈 배가 와서 배를 들이받으면, 화를 잘 내는 사람이라도 성을 내지는 않을 것입니다. 그런데 그 배에 한 사람이라

▼ 토룬 구시가, 유네스코 지정 문화유산

Ussi's photog

자전거와
반야심경과
장자

▲ 코페르니쿠스 생가 겸 박물관

도 타고 있다면, 배를 돌리라고 소리칠 것입니다. 한 번 불러도 듣지 못하고 두 번 불러도 듣지 못하면, 그때는 세 번째 소리 치면서 틀림없이 욕설이 따라 나올 것입니다. 앞에서는 노하지 않았는데 이번에 노하는 것은, 앞서는 빈 배였지만 이번에는 사람이 타고 있기 때문입니다. 그러니 사람도 자기를 비우고 살아간다면 누가 위해(危害)를 가할 수 있겠습니까?"

– 장자 외편 「산목」

11월 9일 | 그니에즈노(Gniezno), 103㎞

3시 조금 넘어 그니에즈노 시 Lech Hotel에 도착했다. 짐을 풀고 나니 벌써 어둡다.

11월 10일 | 그니에즈노(Gniezno)

그니에즈노 성당을 찾아간다. 천장의 아치 구조가 아름답다. 돌아오는 길에 베이커리에서 케이크 한 덩이를 샀다. 며칠 전부터 단것이 먹고 싶었다. 친절하고 포장도 정성스럽고 묵직하다. 내일 일기예보를 보니 11시 이후 비 예보다. 브제시니아(Września)까지는 약 40㎞, 오전 중에 주행을 끝낼 생각이다.

▼ 그니에즈노 성당

11월 11일 | 브제시니아(Września), 40㎞

새벽에 일어나 반야심경 독송을 여러 번 들었다. 조식을 먹으러 호텔 식당에 내려가니 젊은이 3명이 먼저 와 있었다. 그들과 테이블 하나를 사이에 두고 앉았다. 그중 한 젊은이와 나는 힐끔힐끔 서로를 살폈다. 눈이 마주치지는 않았지만 그의 거동은 나에 대한 호기심으로 가득하다. 장 그르니에의 「섬」에 나오는 구절이 생각났다.

> "나는 혼자서, 아무것도 가진 것 없이, 낯선 도시에 도착하는 것을 수 없이 꿈꾸어 보았다. 그러면 나는 겸허하게, 아니 남루하게 살 수 있을 것 같았다. 무엇보다도 그렇게 되면 비밀을 간직할 수 있을 것 같았다."
> – 장 그르니에, 김화영 옮김, 「섬」

정오 무렵 숙소 Zielone Zacisze에 도착했다. 전혀 숙소가 있을 법하지 않은 너른 벌판 한가운데 있었다. 안주인은 자전거를 보더니 그걸 타고 한국에서 여기까지 왔냐며 "오마이 갓! Super!" 하면서 예약한 방과는 다른, 내부에 욕실이 있는 넓은 방으로 바꿔 주었다.

페달을 밟으며 김수영 시인의 「공자의 생활난」이라는 시가 계속 생각났다. 시의 처음과 중간은 난해하다.

> "… 동무여 이제 나는 바로 보마

事物(사물)과 사물의 *生理(생리)*와

사물의 *數量(수량)*과 *限度(한도)*와

사물의 *愚昧(우매)*와 사물의 *明晳性(명석성)*을….."

　세상이 복잡해져서 진실과 거짓을 구별해 내는 일 자체가 어렵게 되었다. 거짓은 바로 눈앞에 있고 '진실은 저 너머에 있으니(The Truth is Out There). —「The X-Files」'.

자전거와
반야심경과
장자

▲ 폴란드 들판

11월 12일 | 레슈노(Leszno), 84㎞

'너무 이른 건 아닐까?'하는 생각을 하며 아래층으로 내려갔더니 테이블에 음식이 정갈하게 놓여 있다. 샌드위치를 만들어 커피와 먹고 있는데 안주인이 글씨가 적힌 종이를 보여 준다. 'We want to take a photo'라 쓰여 있다. 식사를 마치고, 짐을 챙겨 나왔다. 바깥주인이 자전거와 함께 서 있는 사진을 찍었다. 생각해 보니 자전거와 함께 사진을 찍기는 처음이다. 바깥주인이 가는 길에 먹으라고 샌드위치 두 쪽을 싸 주었다.

갓길도 없는 도로에서 대형화물차 운전자들의 배려에 뭉클할 때가 있다. 앞에서 오는 차가 없으면 멀찌감치 돌아 지나가고 앞에서 오는 차가 있어 공간 확보가 어려우면 속도를 줄여 서행하면서 마주 오는 차가 지나갈 때까지 기다린다.

숙소 Marmut은 레슈노 광장 귀퉁이에 있었다. 예약했다고 하니 이것저것 묻지도 않고 방 열쇠를 내준다. 날씨 탓인가? 아직 3시도 되지 않았는데 밖은 벌써 어둑어둑하다.

▼ 자전거와 나

자전거와
반야심경과
칭자

1. 숙소 Zielone Zacisze 의 주인 내외
2. 출발

11월 13일 | 루빈(Lubin), 60㎞

주행 중에 왼쪽 발가락이 시리다가 감각이 없다. 영하의 기온이고 바람이 앞에서 불고 해가 없는 탓이다. 발가락을 녹이느라 여러 번 쉬었다. 몸이 추우면 옷을 껴입으면 되지만 발은 마땅한 대책이 없다.

숙소 Hotel Europa는 변두리에 있고 진입로 부근 도로가 공사 중이라 어수선하다. 1박 요금은 176즈워티로 우리 돈 54,140원에 해당한다. 지금껏 지불한 숙박비 중 최고가이다. 엘리베이터의 층 표시 방식이 다르다. 플로어는 0층, 지하층은 -1, -2, 지상층은 1, 2, 3…. 가만 생각해 보니 이게 옳은 것 같기도 하다.

11월 14일 | 조와(Jowar), 50㎞

오늘 목적지는 조와(Jowar), 기온이 차고 바람이 거세서 50㎞도 힘들었다. 도로변에 있는 Magnolia Hotel은 새로 지은 단층 ㄷ자형 건물이다. 몽골 알타이 블랙마켓에서 산 레깅스를 잘 입고 다녔는데 한 달 전쯤부터 엉덩이 부분이 얇아지더니 구멍이 생기기 시작해서 4번이나 기웠으나, 오늘 아침에 보니 더는 기울 수 없는 지경이 되었다. 오후에 대형마켓 Lidl에 가서 아동용 타이즈를 하나 샀는데 입어 보니 꼭 끼지만 신축성이 좋아 만족스럽다.

밤이 길다. 몇 번을 깨도 아직 밤이다. 팟캐스트 「김어준의 파파 이스」를 듣는데 멘탈에 대한 얘기가 나왔다. 김어준 왈, "스포츠에서 정신력은 공포와 자만을 다루는 능력이다. 강적을 만나면 인정은 하지만 두려워하지 않는 것, 약팀을 만나면 철저히 공략하되 존중하는 것이다. 즉, 멘탈이 강하다는 것은 다친 머리를 싸매고 경기장에서 좌충우돌하며 육체의 한계를 넘어서는 것이 아니라 주변 상황에 무관하게 평정심을 유지하며 자신의 능력치를 상대와 무관하게 나타내 보이는 것이다." 명쾌하다. 하지만 여전히 밤은 길다.

11월 15일 | 옐레니아 고라(Jelenia Gora), 60㎞

폴란드-체코 국경도시 옐레니아 고라까지는 약 60㎞이고 구글맵에서 보니 국경을 통과하려면 꽤 큰 산을 하나 넘어야 한다. 산악지대로 접어드니 길은 위아래로 고저가 심했지만 한가하고 경치도 좋았다.

멀리 국경 쪽으로 눈 덮인 산이 보였다. 내일 저 산을 넘어야 한다는 생각을 하니 가슴이 쿵쿵거린다. 숙소는 시내에서 3㎞ 정도 떨어진 산 중턱에 있었다. 숙소로 가는 길은 어제 온 눈이 아직 채 녹지 않아 물이 흥건하고 질퍽거린다. 내일 도로가 얼면 어쩌지 하는 생각을 하며 올라가는데 땀이 뻘뻘 난다.

숙소 빌라 아그니에슈키(Willa Agnieszki)는 골짜기 끝에 있었다. 눈 덮인 주변 경관은 겨울 지리산에 들어온 듯 운치가 있었지만, 숙소는 문이 잠겨 있었다. 옆집 사람에게 전화 한 통을 부탁했다. 주인은 내일 온다고 한다. 열쇠 있는 곳을 알아내어 현관문을 열고 2층 방으로 들어가 짐을 푸니 날은 이미 어둡고 주변은 괴괴하다. 낯선 곳 산골짜기 높은 곳에 있는 3층 빌라, 주인도 없고 투숙객도 나 혼자. 현관문을 걸고 방문을 잠그고 누워도 잠이 오지 않는다. 오래전에 '아제 아제 바라아제'라는 영화를 보면서 머릿속에 남은 독백이 있었다. 법구경에 나오는 구절이다.

잠 못 드는 자에게 밤은 길어라.
지친 자에게 갈 길은 멀어라.
옳고 그름을 분별하지 못하는
어리석은 자에게 생사의 고뇌는 깊어라.
– 법구경 제5장 우암품

—

"의심할 나위 없는 순수한 환희의 하나는
노동 후의 휴식이다."

– 칸트

PART 11
-
체코

탄발트 → 프라하 → 클라토비

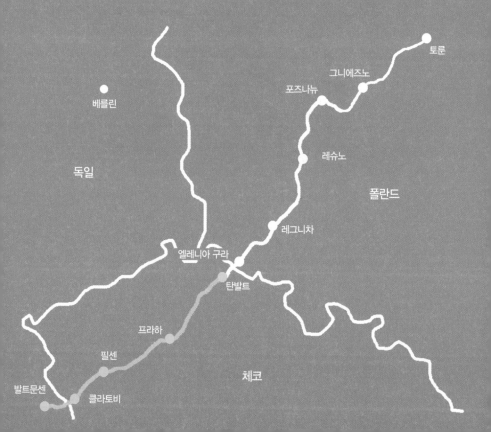

'5th.Dec.2017.Lindau Germany.   Ussi.

11월 16일 | 탄발트(tanvald), 40㎞

어제 잠결에 아래층에서 인기척이 들렸던 것 같기도 한데 꿈이었는
지 생시였는지 분별이 되지 않는다. 체코의 국경 마을 탄발트까지는
40㎞로 만만한 거리이지만, 눈 덮인 산을 넘어야 한다는 생각에 걱정
도 되고 조급하다. 주섬주섬 짐을 챙겨 내려가니 식당 문이 열려 있
다. 들어가 보니 음식 준비에 한창인 젊은 여성이 보인다. 아침에 왔
나 보다. 어제 일이 미안했던지 이것저것 자꾸 내온다. 샌드위치 하
나를 만들어 포장을 부탁하고 숙소를 나왔다. 골짜기 입구까지는 내
리막 길이어서 길이 얼었을까봐 걱정을 했는데 다행히 바람도 없고
길도 얼지 않았다. 산길로 들어서서 고개 정상까지는 오르막길 15㎞
이고, 여기가 국경이다. 쌓인 눈이 두껍다. 다행히 도로는 말라 있었
고 바람도 불지 않았지만 고개를 넘자마자 기온이 뚝 떨어졌다.

국경에서 탄발트까지는 내리막길 15㎞, 페달 한 번 밟지 않고 그란
다 호텔(Granda Hotel)에 도착했다. 1층 레스토랑에 리셉션이 있다. 주
인인 듯한 호리호리하고 머리가 벗겨진 남자가 내 여권의 생년월일을
유심히 보더니 뭐라 중얼거리며 묘한 표정을 짓는다. '뭐지?'하고 있
으려니 자신의 신분증을 가져와 보여 준다. 놀랍다. 그와 나는 생년
월일이 같았다. 우리는 소식을 잊고 오래 떨어져 지내던 친구를 만난
듯이 서로 반가워했다.

1. 폴란드-체코 국경 고개
2. 폴란드-체코 국경
3. 체코 국경 마을 탄발트

자전거와
반야심경과
장자

11월 17일 | 므니호보 흐라디슈테 (Mnichovo Hradiště), 40㎞

정오 무렵 Hotel U Horoznu에 도착했다. 작은 소도시인데 이름이 뭔지도 모르겠고, 별로 알고 싶지도 않고, 사실 중요하지도 않다. 그럼 뭐가 중요하냐고? 글쎄…. 지금 하고 있는 것은 그냥 약간의 개인적인 의미를 품은 행위이고, 좀 고상하게 말하면 일종의 수양이고 성찰이다. 손에 쏙 들어오는 작은 카메라를 가져왔지만 가져오지 말 걸 그랬나 하는 생각을 한다. 물건을 지니는 그 자체가 강박이다.

아! 그럼 무슨 재미는 없냐고? 재밌지는 않지만 하루 중 기다려지는 시간은 있다. 주행 후 오후의 휴식이다. 나만의 공간에서 편한 자세로 먹고 마시며 나른한 육체에 활력을 불어넣는 시간.

> *"의심할 나위 없는 순수한 환희의 하나는 노동 후의 휴식이다."*
> *– 칸트*

11월 18일 | 프라하(Prague), 78㎞

프라하, 근거를 알 수 없는 잔잔한 설렘에 약간 들뜬 느낌이다. 프라하 시내에 들어와서 2시간 이상 헤매다 겨우 숙소 Hotel Askania에 도착했다. 마트에 가서 와인을 한 병 샀다. 쉬라즈와인은 터프한 맛이 있다. 오늘따라 꿀꺽꿀꺽 잘 넘어간다. 프란츠 카프카가 이 도시 출생이라고 한다. 예전에 그의 작품 『변신』을 여러 번 읽으려고 시도했다가 매번 몇 페이지 읽지도 못하고 내려놓았었다. 그에게 빚을 진

느낌이다. 어느 날 깨어나 보니 벌레가 된 사나이…. 단순한 취향의 문제였던 걸까? 아니면 중요한 뭔가를 놓치고 있는 걸까? "한 권의 책은 내면의 얼어붙은 바다를 깨는 도끼여야 한다."고 그가 말했으니 『변신』은 도끼임이 분명한데 맞고도 깨지질 않으니…. 돌아가면 다시 한번 맞아 봐야겠다.

#11월 19일 | 프라하(Prague)

주말에만 열린다는 콜베노바 벼룩시장을 찾아간다. 트램을 타고 지하철로 갈아타고 찾아간 장소에는 아무것도 없었다. 뭐가 잘못된 건지 모르겠다. 한나절이 날아갔다. 배가 고프다. 길가 식당에 들어가 스프와 뭔가를 시켰는데 소고기국과 높게 쌓아 올린 햄버거가 나왔다. 다시 지하철을 타고 박물관역에 내렸다. 입구 바로 앞 신청사로 들어갔더니 어린이를 위한 자연사 박물관이다. 오늘은 어쩐지 술술 풀리지 않고 술술 감기는 느낌이다.

11월 20일 | 프라하(Prague)

프라하성에 갔다. 사진을 몇 장 찍고, 광장우체국에서 엽서를 한 장 부쳤다. 광장은 단체관광객들로 시끌벅적하고, 성 비투스 성당 입구는 들어가고 나오는 사람들이 서로 엉켜 틈이 보이지 않는다. 떨어져서 바라보니 마치 성당이라는 거대한 튜브가 이물질을 토해 내는 듯 괴기스럽기까지 하다. 인파에 섞일 자신이 없다. 성을 내려와 카프카박물관으로 발걸음을 옮겼다. 두 남성이 서로 마주 보며 오줌을 누고 있는 박물관 앞 조형물이 인상적이다.

박물관을 나오니 비가 내리고 있다. 춥고 배고프고 피곤하다. 메트로를 타고 박물관역에 내려 걷다가 중국식당에 들어갔다. 계란탕과 마파두부, 밥 한 공기를 시켰다. 탕은 짜고 마파두부는 무슨 찌개 같다.

장자 내편 「덕충부」를 읽는다. "상인자연 이불익생야(常因自然 而不益生也)", '익생(益生)'에 대한 풀이가 애매하다. 옥편을 찾아보니 '인(因)' 자는 '의지하다'라는 뜻이 있고, '익(益)'은 '넘치다'라는 뜻이 있으니 "항상 자연을 의지하되 삶을 넘치게 하지 않는다."라는 뜻일 것이다. "불익생(不益生)"은 즉 "필요한 만큼만 취한다", "욕심내지 않는다", "간소하게 산다"는 뜻이다.

'유일물 유일구(有一物, 有一拘)'라, 하나의 물건이 생기면 하나의 얽매임이 생기나니. 요비편(樂非便), 즉 불편함을 즐기라. 나중에 작은 집을 지으면 당호(堂號, 집 이름)를 '비편재(非便齋, 편하지 않은 집)'라 하고 옛날처럼 화장실도 집 밖으로 내고 살아 볼 생각이다.

1~2. 프라하성

1. 프라하성에서 바라본 프라하시
2. 성 비투스 성당
3. 캡카프카 박물관, 체코 지도 위에 마주 보고 서서 오줌을 갈기는 의미는 뭘까?

11월 21일 | 프라하(Prague)

유태인 묘역에 있는 카프카의 묘를 찾아갔다. 묘는 유태인 신(新)묘역에 있었고 생각했던 것보다 소박했다. "내면을 사랑한 이 사람에게 고뇌는 일상이었고, 글쓰기는 구원을 향한 간절한 기도의 한 형식이었다." 카프카의 묘비명이라고 하는데 빗돌에 쓰인 낯선 언어의 뜻은 알 수가 없다. 묘역을 한참 거닐었다. 죽은 자들이 "너도 곧 죽는다."라고 말하는 듯하다.

> *"네 마음을 슬픔에 넘기지 마라. 슬픔을 멀리하고 마지막 때를 생각하여라…. 한 번 가면 다시는 돌아오지 못한다는 사실을 잊지 마라…. 그의 운명을 돌이켜 보며 네 운명도 그와 같다는 것을 기억하여라. 어제는 그의 차례요 오늘은 네 차례다…. 그의 영이 떠나갔으니 그에 대하여 편안한 마음을 가져라…."*
> *– 「집회서」 38장*

묘역을 나와 지하철을 타고 비셰흐라드(Vysehrad)역에서 내렸다. 언덕을 오르고, 사진을 찍고, 전망을 보고, 언덕을 내려와 블타바강을 따라 걸었다. 블타바강의 독일 이름은 몰다우이고 체코의 작곡가 스메타나의 교향시 '나의 조국'에 나오는 몰다우라는 곡으로 잘 알려진 강이다. 길가 태국식당에 들어가 쌀국수와 필스너 한 병을 시켰다. 쾌활한 종업원은 "서울? 부산?" 하며 말을 붙인다. 국수와 맥주를 후다닥 비웠다. 허기가 가시지 않는다. 볶음국수와 필스너 한 병을 더 시켜서 또 금세 비웠다. 요즘 배가 부른 적이 없었는데 오랜만에 배가 부르다.

식당을 나와 조금 걸으니 카를교가 보인다. 체코 영화감독 카렐 파섹(Karel Vacek)이 "프라하성과도 바꾸지 않겠다."라고 말한 다리이다. 카를4세에 의해 1402년에 완공되었다. 돌과 돌을 잇는 흙을 갤 때 점도를 높이기 위하여 달걀노른자를 사용했다고 한다. 차량은 진입할 수 없고 다리 양옆 난간 위에 30개의 성인(聖人) 상이 늘어서 있다. 각각의 상은 복제품이지만 포스가 강렬하다. 다리 위는 상인들, 아마추어 예술가들, 관광객들로 북적인다.

▼ 체코 감독 카렐 파섹(Karel Vacek)이 "프라하성과도 바꾸지 않겠다."고 한 카를교.

1. 프라하시 외곽 유태인 묘역 카프카묘 가는 길
2. 비셰흐라드(Vysehrad) 언덕 위 성당

자전거와
반야심경과
장자

11월 22일 | 로슈미탈 포트 트르제므슈이넴(Rožmitál pod Řemšínem), 87㎞

모처럼 달고 깊은 잠을 잤다. 큰 도시는 들어오고 나가는 게 쉽지 않다. 블타바강을 25㎞쯤 따라가다가 고개를 하나 넘었다. 바람도 좀 불고 길이 계속 오르락내리락 한다. 풍경은 좋은데 거리는 좀처럼 줄지 않는다.

3시가 넘어 어둑해질 무렵, 펜션 Pansky dum에 도착했다. 주인 남자는 자전거를 보더니 이것저것 묻는다. 한국에서 여기까지 오는데 6개월 걸렸다고 했더니 놀라며 대접이 융숭하다. 오늘 투숙객이 혼자이니 편하게 지내라는 말을 남기고 주인 내외와 아이는 살림집으로 돌아갔다. 기력이 딸리는지 춥고 오한이 난다. 포트를 들고 방으로 와서 차를 우리고 설탕을 듬뿍 넣어 여러 잔 마셨다.

11월 23일 | 클라토비(Klatovy), 60㎞

아침에 일어나 창밖을 보니 서리가 하얗게 내렸다. 기온이 낮았지만 파란 하늘에 바람도 없고 차량 통행도 거의 없는 시골길이라 머릿속이 맑아지는 느낌이다. 땅 위는 한가로운데 오히려 하늘이 분주하다. 하늘은 종횡으로 나는 비행기가 남긴 궤적으로 복잡하다. 서서 세어 보니 시야가 닿는 범위의 하늘에 8대의 비행기가 동시에 날고 있었다. 체코는 유럽의 중앙에 위치해 주변국의 비행기가 체코 상공을 통과하기 때문이다. 오후 1시, 펜션 U Stranda에 도착했다. 아래층은 레스토랑, 위층이 펜션이다. 모녀가 운영하는 듯한데 주고받는 수작이 살갑다.

1. 23일 아침 호수에 살얼음이 얼었다
2. 클라토비 성 안

자전거와
반야심경과
장자

▲ 클라토비 구시가

"관찰되는 대상의 문제가 아니다.
관찰자 자체가 문제다.
내가 세상을 복잡하게 보기 때문에
세상이 복잡한 것이다."
– 데카르트(1596–1650)

PART **12**

—

독일

발트뮌헨→ 란다우 → 다하우 → 슈테른베르크 → 린다우

발트뮌헨

독일

란다우

다하우

뮌헨

튜칭

캠프텐

린다우

취;리히

빈터투어

인스부르크

스위스

리히텐슈타인

오스트리아

아! 닮이 ... 26th. Nov. 2017. Landau.
Ussi.   Germany.

11월 24일 | 발트뮌헨(Waldmünchen), 56㎞

구글맵을 보니 체코-독일 국경에 산이 하나 놓여 있다. 산의 높이는 모르겠으나 부담스럽다. 발트뮌헨까지는 56㎞이다. 고개를 여러 개 넘었다. 숙소 Hotel - Restaurant Waldmünchner Stub′n은 광장에 접해 있었다. 벨을 누르니 인상 좋은 아저씨가 나왔다. 건물이 크고 구조가 복잡하다. 달달한 술이 마시고 싶다. 마트에 가서 샴페인을 한 병 샀다. 전등을 모두 끄고 창 너머로 보이는 달을 보며 한 병을 다 비웠다.

▼ 체코-독일 국경 가는 길

11월 25일 | 폴켄슈타인(Falkenstein), 45㎞

좁은 도로 옆으로 좀 불안하게 가고 있었다. 뒤에서 '빵~' 하는 경적소리가 나더니 승용차가 나를 앞질러 가서 섰다. 차문을 열고 나온 운전자는 손으로 옆을 가리키며 상기된 표정으로 나무란다. 옆을 보니 자전거도로 표지판이 보인다. "아~ 미처 몰랐다."고 미안한 표정을 지으니 더는 말하지 않고 갔다. 여기는 독일이다. 독일인들은 분명한 걸 좋아한다. 주의는 들었지만 기분은 나쁘지 않다. 정확한 건 나도 좋아한다.

1시가 다 되어 숙소 Maria's Pension에 도착했다. 언덕을 한참 올라간 곳에 있었다. 주인은 곱게 나이 먹은 할머니인데 말투가 깐깐하다.

▼ 폴켄슈타인 성

11월 26일 | 란다우(Landau), 63㎞

식당으로 내려가니 마리아 할머니가 아침 인사를 한다. 커피를 따라 놓고 둥근 빵을 반으로 갈라 햄, 치즈, 잼 등을 얹고 바르고 샌드위치를 만들었다. 빵이 바삭하니 맛있다.

구글맵의 자전거 길을 따라가 보기로 했다. 10㎞ 정도 가다가 숲길로 들어섰다. 계속되는 비로 땅이 젖어 있고 날이 흐려 어둡고 인적도 없는 숲길은 자꾸 아래로만 내려간다. 이 길이 맞기는 한 걸까 하는 생각이 들 만큼 나무가 울창하고 골이 깊다. 원시림에 들어온 느낌이다. 진흙 길이 아닌 것이 그나마 다행이다. 숲길 5㎞ 정도를 관통하니 이번엔 벌판이다. 앞이 보이지 않은 정도로 진눈깨비가 쏟아진다. 벌판에 서서 위치 확인을 하는데 어떤 기억, 초라하고 추웠던 기억이 스치며 눈물이 핑 돈다.

1979년 겨울, 학력고사를 한 달 정도 앞두고 아버지의 부음을 들었다. 3년 전 이란에 가셔서 귀국 한 번 안 하시고 일하시다 교통사고로 돌아가신 것이다. 그날 이후 4식구의 삶은 곧바로 초라해졌다. 벌판에 내던져진 느낌이었다. 크리스마스 무렵 통장이 와서 쿠폰 하나를 주시며 ○○파출소에 가면 라면 한 상자를 줄 테니 받아다 놓으라고 한다. 앞을 분간하기 어려울 정도로 함박눈이 내리는데 파출소 앞에는 차례를 기다리는 사람들의 줄이 길게 늘어서 있었다. 줄 뒤에 서서 남루한 차림새의 사람들을 보고 또 나를 보다가 그냥 집으로 와 버렸다.

날씨는 궂고 자전거 길은 갈래가 많아 갈림길에서 매번 서서 방향을 찾느라 어제 예약한 숙소 Gasthof Lohr에는 두 시가 넘어 도착했다. 문이 잠겨 있어 벨을 눌렀다. 바로 응답이 왔다. 키가 훌쩍 큰 젊은 주인은 5분쯤 후 차를 타고 나타났다. 자전거를 창고에 넣고 방 열쇠를 받았다. 배가 고픈데 뭘 좀 먹을 수 없겠냐고 물으니 오늘은 영업을 하지 않아 곤란하다고, 대신 식당 두 곳을 알려 주었다. 서둘러 씻고 주인이 알려 준 이탈리아 식당을 찾아갔다. 일요일이라 거의 모든 가게가 문을 닫았다. 케밥을 파는 레스토랑이 열려 있어 들어갔다. 메뉴판 사진에 고기볶음처럼 보이는 음식을 주문했는데 봉골레가 나왔다. 맛은 괜찮았지만 허기는 가시지 않아 케밥을 사서 들고 나왔다. '지나온 길이 이렇게 멀었었나?' 하는 생각을 하며 걷다가 달을 보았다. 아직 푸르름이 남아 있는 하늘과 회색 구름 사이를 분주하게 오가는 달은 명쾌했다.

11월 27일 | 에칭(Eching), 62㎞

길은 고저가 없이 평탄했지만 맞바람이고 갈래가 많아 방향을 자주 확인하느라 거리가 좀처럼 줄지 않는다. 란츠후트는 강을 끼고 있는 멋진 마을이었지만 갈 길이 바빠 멈추지 않고 통과했다.

숙소 Locanda del Castello에 도착해서 체크인을 하고 나와 보니 앞 타이어가 홀쭉하다. 가만히 세워 놓기만 했는데 펑크가 나다니 당혹스럽다. 아~! 피곤해서 자고 싶은데 앞 타이어를 때워 놓아야 한다.

11월 28일 | 다하우(dachau), 64㎞

뮌헨으로 들어가지 않고 위쪽으로 우회하기로 했다. 길 찾기는 쉽지 않았지만 아자르강을 따라 프라이징까지 가는 자전거 길은 초겨울의 정취가 물씬 풍기는 환상적인 길이었다. 아자르강은 강폭도 꽤 넓고 수량도 많고 유속도 빠른데 물 흐르는 소리가 나지 않는다. 마치 점성이 있는 투명한 액체가 스르르 흘러가는 것 같다. 자전거 길은 부드러운 흙길인데 적당히 젖어 있어 바퀴에 감기는 느낌이다. 키도 크고 수령이 많은 가로수 사이로 나 있다. 이렇게 길이 좋은데 인적이 없다. 까맣게 잊고 있었던 어떤 기억들이 가물가물 생각났다가 스멀스멀 사라지곤 했다. 프라이징을 벗어나면서 길을 잃고 헤매다가 돌연 시야가 탁 트이며 멀리 눈 덮인 산맥이 나타났다. 위용이 대단하다. 알프스다. 3시가 거의 다 되어 숙소 DAH Hotel에 도착했다.

마트에 가서 카트에 50센트 동전을 넣으니 크기는 맞는 거 같은데 키가 풀리지 않는다. 옆에서 지켜보던 청년이 1유로 동전을 넣어야 한다며 자신이 가지고 있던 플라스틱 동전을 넣어 카트를 분리해 주었다. 1유로를 주려 하니 방금 넣은 것은 돈이 아니라며 손을 내젓고, 자신은 1유로 동전으로 카트를 빼서 끌고 간다. 마트로 들어갔다. 청년과 눈이 마주치면 고맙다고 눈인사라도 하려 했으나 그럴 필요 없다는 듯 눈길을 주지 않는다. 프라하 이후 하루도 쉬지 않고 주행한 때문인지 쉬 피로감을 느낀다. 먹거리를 늘어놓고 정신없이 먹고 마셨더니 졸음이 쏟아진다.

▲ 다하우(dachau) → 프레이징(Freising) 자전거 길, 소중하지만 잊혀져 가던 지난날의 정서를 다시 불러일으켜 주었다

11월 29일 | 슈타른베르크 호수(Starnberg See), 51㎞

어느 쪽으로 갈까 망설이다가 슈타른베르크 호숫가 Hotel Am See에 예약을 넣었다. 지도상으로 조금 아래에 있지만 호숫가이니 전망도 좋을 것이고, 알프스를 더 가까이 볼 수 있을 것이다.

길을 잘못 들어, 갔던 길을 되돌아 나오는 일은 맥 빠지는 일이지만 번번이 길을 잘못 든다. 오늘도 3㎞ 정도 갔다가 되돌아 나와야 했다. 51㎞ 오는 데 6시간이나 걸렸다. Hotel Am See는 호수가 보이는 곳에 있었다. 체크인을 하고 나오니 진눈깨비가 퍼붓듯이 내린다. 호수 주변 풍경이 그림 같다.

자전거와
반야심경과
장자

"나 이제 일어나 가리, 밤이나 낮이나
호숫가에 철썩이는 낮은 물결 소리 들리나니….
I will arise and go now, for always night and day
I hear lake water lapping with low sounds by the shore"
– W. B. 예이츠, 「이니스프리의 호도湖島」

11월 30일 | 슈타른베르크 호수(Starnberg See)

아침부터 눈발이 날려서 출발하지 못했다. 기온은 점점 내려가는데
옷차림새는 엉성하다. 특히 발이 걱정이다. 오후에 마을로 나가 걷다
보니 꽤 큰 스포츠용품점이 눈에 띄었다. 필요한 게 다 있다. 방풍보

평소 할 것을 갖추어 몸을 주지 하고 근심하지 말고 자연스런 마음을 살리고 삼가며
그로부터 나를 이루니 어떻게 해도 온갖 불행이 닥쳐오라면 모두 운명이라.

잡자 잡편 경상초 ussi. 어천삼철이번 삼일철 삼십일 류징두일.

온 재킷, 보온신발, 넥워머를 샀다. 비용이 만만치 않았지만 어차피 있어야 할 것들이다. 눈은 그칠 듯 퍼붓기를 반복한다. 내일이 걱정도 되지만 분위기는 좋다.

일찍 잠자리에 든 때문일까? 한밤중에 잠이 깼다. 시계를 보니 자정 10분 전이다. 누워 뒤척이다. 화장실로 가서 창문을 열었다. 맑고 찬 공기가 훅 하고 들어온다. 깊은 숨을 쉬고 담배에 불을 붙였다. 종소리가 들려 세어 보았다. 4번을 치고 '간격이 좀 길군.' 하는데 5번째 소리는 음색이 티 나게 다르다. 다른 사람이 치나? 다른 종을 치나? 계속 세었다. 열여섯 번에서 멈췄다. 하~ 참 이상하다. 12번을 치려다가 5번째부터 소리가 확실히 달라지니 다시 12번을 친 걸까?

생각이 말똥말똥하다. 장자를 읽었다.

"물질을 추구하면,

물질에 얽매이게 되고

물질에 얽매이면,

스스로에게 너그러울 수 없게 된다.

스스로에게 너그럽지 못하니

남에게 너그러울 수 없고

남에게 너그럽지 못하니

주변에 사람이 없게 된다."

– 장자 잡편 「경상초」

12월 1일 | 페이팅(Peiting), 41㎞

바람은 없으나 간간이 눈발이 날리는 영하의 날씨다. 길은 자꾸 산으로 올라간다. 어제 그제 내린 눈이 쌓여 주변이 온통 하얗다. 내리막길을 지나 숙소 Gaestehaus An Der Peitnach에 도착하니 3시다. 힘든 하루다. 체크인하고 자전거를 방안으로 들였다. 누우니 바로 잠이 들었다.

비몽사몽간에 다시 12시를 알리는 종소리가 들린다. 세었다. 이상하다. 또 16번을 쳤는데 앞의 4번과 뒤 12번 종소리는 확실히 달랐다. 어제의 종소리는 잘못 친 것도, 잘못 들은 것도 아니라는 말이다. 내일 누구에게 물어봐야겠다 하고 다시 잠이 들었는데, 아침에 일어나니 꿈을 꾼 것인지 실제로 종소리를 들은 것인지 모르겠다. 장자 내편

「제물론(齊物論)」을 읽는다.

> 옛날에 장주가 꿈에 나비가 되었는데,
> 훨훨 날아다니는 것이 좋아
> 스스로 장주임을 알지 못했다.
> 그런데 갑자기 깨어 보니 장주였다.
> 그러면 장수가 꿈에 나비가 된 것인가,
> 나비가 꿈에 장주가 된 것인가?
> 장자와 나비 사이에 반드시 구분이 있으니
> 이것을 물화(物化)라 한다.

'물화(物化)', 어려운 말이다. '사물에는 구분이 있으나 서로 변하므로 결국 구분이 없다'는 뜻일 것이다.

12월 2일 | 빌트폴츠리드(Wildpoldsried), 51㎞

길이 살짝 얼어 있어 신경을 써야 했으나 다행히 바람이 등 뒤에서 불어 주었다. 25㎞ 지점에 카페가 있어 발도 좀 녹이고 요기도 할 겸 들어갔다. 커피와 케이크 한 조각을 주문했다. 의자도 없고 작은 테이블만 두 개 있어 서서 먹어야 하는 동네 카페지만 맛은 훌륭했다. 조용한 목소리의 주인도, 먼저 와서 커피를 마시고 있던 촌로의 친근한 눈매도 좋았다. 옷을 단단히 껴입었지만 날씨는 확실히 춥다. 주행을 끝내고, 푸근한 숙소에서, 비스듬히 다리를 꼬고 앉아 마시는 맥주 한 잔이 생각나, 부지런히 페달을 밟았다. 결국 삶에서 중요한 건 뭘까? 법정스님은 「버리고 떠나기」에서

"생애를 되돌아보면 별 물건이 없나니,
다만 한 잔의 차에 한 권의 경책뿐"이라고 썼고

니코스 카잔차키스(1883-1957)는
"나는 또 한 번 행복이란
포도주 한 잔, 밤 한 알, 허름한 화덕 그리고 파도소리처럼
단순하고 소박한 것임을 깨달았다."라고 말했다.

제목이 멋져 읽게 된 소설 속에는 이런 구절이 나온다.

"인생은
우리가 사는 그것이 아니라
산다고 상상하는 그것이다."
– 「리스본행 야간열차」

'복잡할 것도, 특별할 것도, 어려울 것도 없다'라는 말이다. 그런데 왜 복잡하고, 특별하고, 어렵게 살려는 걸까?

12월 3일 | 이즈니 임 알고이(Isny im Allgäu), 31㎞

 기온이 하루 종일 −3℃ 이하에 머문다고 한다. 조금이라도 이동하기로 했다. 산을 하나 넘어야 했다. 힘들게 고개 정상까지 올라갔다. 이제 내려가면 숙소가 있는 마을이 나올 것이다. 한 시간 남짓 되는 시간 동안 손과 발이 시려 3번이나 쉬었다. 5㎞가 한없이 멀게 느껴진다.

▲ 눈을 하얗게 뒤집어쓰고도 영롱하게 붉던 열매

숙소 Landgasthof Zum Schwarzen Grat은 외지고 조용한 마을에 있었다. 방 구조가 로맨틱하고 테라스도 있고 3층이라 전망도 좋다.

6시부터 손님을 받는다 하기에 시간에 맞춰 식당으로 내려갔다. 적당히 떠들썩하다. 돼지고기 바비큐와 맥주를 시켰다. 밖에는 눈이 내려 쌓이고, 바비큐는 입에 맞고, 맥주는 잘 넘어간다.

12월 4일 | 이즈니 임 알고이(Isny im Allgäu)

눈은 하염없이 내린다. 나그네는 눈 때문에 길에 대한 걱정이 많다. 장자 내편 「양생주」를 읽는다.

> 포정이 문혜군 앞에서 소를 잡는다. 그의 손에 쥐어진 칼은 뼈와 살, 뼈와 뼈 사이를 틀고 꺾으며 스윽 사악 나아가고 살과 뼈가 툭툭 떨어진다. 그의 동작은 음률에 맞추어 춤추는 듯하다. 문혜군이 묻는다.
> "훌륭하구나! 어찌하여 이런 경지에까지 이르렀는가?"
> 포정이 답한다.
> "저는 기술 너머에 있는 도(道)를 중하게 여깁니다. 처음 소를 잡을 때는 눈으로 보았지만 지금은 정신으로 소를 대합니다. 본래의 틈과 결 사이로 칼이 지나므로 칼날이 무뎌지는 일은 없습니다. 뼈마디에는 틈이 있고 칼날에는 두께가 없기 때문입니다."
> 문혜군은 포정의 말을 듣고 양생(養生)의 길을 얻었다.

▲ 이즈니 임 알고이(Isny im Allgäu). 숙소에서 본 눈 내리는 풍경

밤 11시다. 종소리가 들린다. 역시 처음 4번은 이후 11번의 종소리와 다르다. 이제 알겠다. 처음 4번의 종은 이제부터 시간을 알리는 종을 치겠다는 신호이다. 애써 묻지 않아도 저절로 알게 되는 것이 있다니….

12월 5일 | 린다우(Lindau), 42㎞

차도 위의 눈은 대충 녹았지만 자전거도로는 부분적으로 빙판길이라 여러 번 미끄러졌다. 바람이 없는 게 그나마 다행이다. 눈길을 앞서간 이가 있었다. 자전거 바퀴 자국이 눈 위에 선명했다. 갈림길에서 방향을 확인할 때마다 일치했다. 그이의 행적을 뒤따르며 마치 동행이 있는 듯 의지가 되었다. 어떤 이일까? 혹 어디쯤에서 마주칠까? 궁금했는데 20㎞ 정도 이어지다 사라졌다. 많이 섭섭했다. 전에 글씨를 배울 때 써 본 적이 있는 서산대사의 시가 생각났다.

눈 덮인 들판을 걸어갈 때 　　　　踏雪野中去

이리저리 어지럽게 걷지 마라 　　　不須湖亂行

오늘 내 발자국이 　　　　　　　今日俄行跡

뒷사람의 이정표가 되느니 　　　　遂作後人程

도로에서 튀어 오른 물이 자전거에 얼어붙어 뒤 트레일러의 체인이 빠졌다. 요즘 생각지 못한 말썽이 자주 일어난다.

숙소 Gasthof Zum Zecher는 호수 부근에 있었지만 호수는 보이지 않는다. 작은 개울에 놓인 다리를 건너면 오스트리아이고, 가장 가까운 마트도 다리 건너 오스트리아에 있다. 다리를 건너 마트에 갔다. 날씨도 썰렁하고, 숙소도 썰렁하고 덩달아 마음도 썰렁하다.

"관찰되는 대상의 문제가 아니다.

관찰자 자체가 문제다.

내가 세상을 복잡하게 보기 때문에

세상이 복잡한 것이다."

— 데카르트(1596–1650)

그런 것인가? 내 마음이 썰렁하니 세상도 썰렁해진 것인가?

"진정한 탐험의 여정은
새로운 경치를 찾는 데 있는 것이 아니라,
새로운 시각으로 바라보는 데 있다."

– 마르셀 프루스트(Marcel Proust)

PART **13**
—
스위스

발트키르히 → 투르벤탈 → 취리히

발트뮌헨

독일

란다우

다하우

뮌헨

튜칭

켐프텐

린다우

취:리히   빈터투어

스위스   리히텐슈타인   인스부르크   오스트리아

'눈길을 앞서 간 이가 있었다. 자전거 바퀴자국이 선명했다.
갈림길에서 방향을 확인할 때마다 일치했다.
그의 행적을 뒤따르며 마치 동행이 있는듯
반가웠다. 어떤 이 일까? 혹 어디쯤에서
마주칠까? 궁금했는데 20키로 정도
이어지다 사라졌다. 많이 아쉬웠다.
전에 글씨를 배울때 써본 적이 있는
　　서산대사의 시가 생각났다.

　　　　　　　　　'눈덮힌 들판을 걸어갈 때
　　　　　　　　　이러저러 어지럽게 걷지 마라.
　　　　　　　　　오늘 너의 발자국이
　　　　　　　　　뒷사람의 이정표가 되느니...

　　　　　　　'5th.Nov. 2017 Isny-Lindau.Germany. Ussi.

12월 6일 | 발트키르히(Waldkirch), 51㎞

리히텐슈타인으로 들어가 보고 싶었지만, 멀리 앞을 가로막고 서 있는 눈 덮인 산을 보니 엄두가 나지 않는다. 하루라도 빨리 스위스를 지나 프랑스로, 좀 더 따뜻한 곳으로 가야 한다. 허세를 부릴 때가 아니다. 스위스 발트키르히(Waldkirch)에 있는 towarhotel에 예약을 넣었다. 길은 독일에서 오스트리아를 거쳐 스위스로 나 있다. 유럽연합은 그냥 하나의 나라이다. 자세히 살피지 않으면 어디가 국경인지 알 수도 없다. 국경은 지도상에만 존재한다.

2시를 넘겨 towarhotel에 도착했다. 무인호텔인 것을 도착해서 알았다. 입구 모니터에 예약번호를 입력하고 카드 결제를 하니 코드번호가 적힌 종이가 나왔다. 엘리베이터로 4층으로 간다. 출입문의 번호키에 코드번호를 입력하고 핸들을 잡고 당기라고 쓰여 있다. 아무리 당기고 돌려도 문이 열리지 않는다. 얼마나 힘을 줬는지 손이 아프다. 나는 감정은 없고 논리만 있는 기계 앞에 서 있다. 문이 열리지 않는 것은 논리에 안 맞기 때문이다. 문 여는 법을 다시 읽어 보았다. 손잡이 밑에 둥그렇게 튀어나온 부분이 있다. 잡고 돌리며 당기니 문이 열렸다. 그러면 핸들이 아니라 핸들 아래 부분을 잡고 돌리며 당기라고 써 놓았어야 했다. 필요한 건 대충 갖춰 놓았지만 감옥에 들어온 느낌이다.

12월 7일 | 투르벤탈(Turbenthal), 41㎞

빌(Wil)이라는 마을에 왔을 때 구글맵에서 자전거 길이 사라졌다. 자동차 도로로 갈 수밖에 없다. 고개를 하나 넘고 나니 평지길이 나오고 기온도 올라 따스해진 느낌이다.

오후 2시, 숙소 Bed & Breakfast Casa Almeida에 도착했다. 종일 추위에 떨다가 방 안으로 들어오니 얼굴이 달아오른다. 허기가 밀려온다. 인간의 가장 큰 문제는 쉬지 않고 먹어야 한다는 것이다. "기본적으로 인간은 입과 항문이다. 나머지는 다 부속기관이다(김훈)." 진눈깨비를 뚫고 마트에 간다. 얼씨구! 신라면이 있다. 얼큰한 국물을 생각하니 침이 고인다. 라면 두 봉, 전기구이 통닭 반 마리, 캔맥주를 샀다. 숙소로 돌아와 닭과 맥주를 게걸스럽게 먹어 치우고 라면을 끓였다.

12월 8일 | 투르벤탈(Turbenthal)

12시간 동안이나 잤다. 뭔가에 쫓기는 꿈을 꾼 것 같은데 잘 기억나지 않는다. 10시에 방을 옮겼다. 이너롱팬츠를 사러 잠깐 나갔다 들어온 것 말고는 온종일 방 안에서 보냈다. 하루 종일 눈이 내린다.

12월 9일 | 취리히(Zurich), 31㎞

오전에 맑고 오후에는 눈이 온다는 일기예보다. 취리히 외곽 클로텐(Kloten)까지 가기로 했다. 고갯길이 길다. 해는 났지만 기온은 오르

지 않는다. 도로는 아직 덜 녹은 눈으로 질척거리고 미끄러워 속도를
낼 수가 없다. 31㎞ 오는 데 4시간이나 걸렸다. 숙소 Apartment Swiss
Star는 또 무인호텔이다. 이메일을 열어 호텔에서 보내 준 코드를 확
인하고 이 코드로 현관문을 연다. 현관을 들어서면 번호가 적힌 열쇠
함이 있다. 이 함에 다시 코드를 입력하면 특정번호의 함이 열리고 거
기 방 열쇠가 들어 있다.

　도착해서 방에 들어가기까지 두 시간이나 걸렸다. 창밖을 보니 다
시 눈이 퍼붓기 시작한다. 예보에 의하면, 앞으로 일주일 내내 눈이
오락가락하리라 한다. 길이 보이지 않는다. 더 이상은 무리다. 그만
접어야겠다. "무엇보다도 인간은 두 가지 중요한 문제를 안고 있다.
하나는 언제 시작할지를 아는 것이고 다른 하나는 언제 멈출지를 아
는 것이다(파울로 코엘료, 「오 자히르」)."

　마치 예정된 일인 것처럼 취리히 공항은 바로 근처에 있고 항공권
을 예매하는 것도 문제가 없었다. 다만 베른에는 꼭 가 보고 싶고, 돌
아가는 것도 준비가 필요하다. 13일 오전 11시 인천공항행 항공권을
예약했다. 홀가분하기도 하고 아쉬움이 남기도 한다. 계절적 요인을
좀 더 진지하게 생각했어야 했다.

12월 10일 | 베른(Bern)

　취리히 공항에서 기차를 타고 베른에 간다. 1905년 아인슈타인이
베른의 특허국에서 일하며 특수상대성이론을 발표할 당시 살았던 집

에 가 보고 싶었기 때문이다. 아인슈타인 하우스는 구시가지 깊숙한 곳에 있었다. 1층은 아인슈타인 카페이고 2층이 전시실이다. 파이프 등 소품들과 가구, 사진 등이 전시되어 있다. 이상하게 별 감흥이 생기지 않는다. 구시가지를 천천히 둘러보다가 돌아왔다.

1921년 아인슈타인은 미국을 방문했다. '상대성이론이 뭐냐'는 기자의 질문에 아인슈타인은 다음과 같이 말했다.

"과거에는 물질적인 모든 것이 우주에서 사라져도 시간과 공간이 남아 있을 거라고 믿었습니다. 그러나 나의 새로운 상대성이론에 따르면, 물질과 함께 시간과 공간도 사라집니다."

무슨 소린가? 죽으면 끝이라는 말이다.

12월 11일 | 취리히(Zurich)

오전 내내 자다가 오후에 취리히 공항에 가서 천천히 살펴보고 핀에어항공사 카운터, 탑승게이트위치 등 동선을 숙지했다.

12월 12일 | 취리히(Zurich)

아침에 자전거샵에 가서 박스를 구하고, 포장테이프와 완충재를 사고, 자전거를 분해하고, 닦고, 포장하고, 짐을 정리하니 하루해가 간다.

12월 13일 | 취리히(Zurich) → 인천

저전거와 짐을 박스 하나에 넣고 포장해 놓으니 간편하긴 하나 박스가 크고 무겁다. 조금 일찍 나와 택시를 탔다. 어제 동선을 숙지해 둔 덕분에 탑승수속에 어려움은 없었다. 다만 대형수화물은 부치는 창구가 따로 있었다. 별도의 비용은 없었다. 비행기는 헬싱키 공항에서 4시간 연착했다.

12월 14일 | 인천

오후 2시, 인천공항에 도착했다. 아내가 차를 가지고 마중 나왔다. 지난 7개월이 찰나 같다. 장자 외편 「지북유(知北遊)」에 "인간의 삶은 천지 사이에 나서 마치 백마가 지나는 것을 문틈 사이로 얼핏 본 듯 갑작스럽게 사라질 뿐이다(人生天地之間, 若白駒過隙, 忽然而已)."라고 했는데 이 땅은 바로 어제처럼 익숙하다.

> 빌보: 돌아온다고 약속할 수 있어요?
> 간달프: 아니, 하지만 만약 돌아온다면 전과 같진 않을 거야.
> － 『호빗: 뜻밖의 여정』

전과 같지 않은 뭐가 있을까? 글쎄 뭐가 있을라고. 그냥 "여행의 목적은 여행 그 자체이다, 여정이 곧 보상이다.(박승오 · 홍승완, 「위대한 멈춤」)"라고 생각하자.

"인생은 우리가 숨 쉬는 횟수가 아니라, 우리를 숨 막히게 하는 순간들로 말할 수 있다. *(마야 안젤루Maya Angelou)*"고 한다면, 그런 순간들은 충분히 많았다.

"진정한 탐험의 여정은 새로운 경치를 찾는 데 있는 것이 아니라, 새로운 시각으로 바라보는 데 있다 *The real voyage of discovery consists not in seeking new landscapes, but in having new eyes(마르셀 프루스트 Marcel Proust).*"고 한다면, 또 진정한 여정이었다고 생각하자.

이것저것 다 아니었다고 해도 지난 7개월 동안 "나는 결말이 불확실한 여행을 하는 자유인(『쇼생크 탈출』에서 레드의 말)"이었다. 이것만은 분명하다.

포르투갈 호카까지 가지 못하고 스위스 취리히에서 돌아왔다. 바람의 감촉과 땀방울, 긴장과 피로, 손 흔들어 주고 불러 주던 사람들, 수많은 낮과 밤, 낯선 잠자리와 생소한 언어들이 그립지만 다시 '도전'할 생각은 없다. 왜냐고? 여행은 무슨 스포츠가 아니다. 그런 단어는 어울리지 않는다.

"나는 그냥 하나의 꽃에서 다른 하나의 꽃으로 달려갔을 뿐이다. 여행 그 자체 밖에는 아무런 다른 목적이 없는 여행들…."
– 장 그르니에, 『섬』

그래, 어쩌면 목적 없는 여행이었는지도 모르겠다. 목적이 없으면 어때서? 그래도 뭔가는 달라졌을 걸. 달라졌어? 그럼 된 거지, 뭐….

"크리스토프, 잘 들어요.
뭔가를 하려는 생각과 그것을 실행에 옮기는 것.
그 두 가지는 전혀 달라요."
– 헨리크 레르, 『가브릴로 프린치프』

"인간이라니, 무슨 뜻이지요?" "자유라는 거지!"

– 니코스카잔차키스, 이윤기 옮김, 「그리스인 조르바」